U0267872

市政工程计量与计价

主　编　刘　宁　米秋东
副主编　范炳娟　宋丽新

北京理工大学出版社
BEIJING INSTITUTE OF TECHNOLOGY PRESS

内 容 提 要

本书注重实用性，依据对市政工程造价人员岗位能力的要求，按照市政工程项目的工作任务和工作过程进行组织编写。本书共分12章，主要内容包括工程造价基础知识、市政工程定额、工程单价、《土石方工程》预算定额应用、《道路工程》预算定额应用、《市政管网工程》预算定额应用、《桥涵工程》预算定额应用、工程量清单与清单计价基础知识、土石方工程工程量清单计价、道路工程工程量清单计价、桥涵工程工程量清单计价、市政管网工程工程量清单计价。

本书可作为高等院校市政工程技术专业、给排水专业和其他相近专业的教材，也可作为市政工程技术管理人员的培训及参考用书。

版权专有 侵权必究

图书在版编目（CIP）数据

市政工程计量与计价 / 刘宁，米秋东主编.—北京：北京理工大学出版社，2021.9
ISBN 978-7-5682-9773-8

Ⅰ.①市… Ⅱ.①刘… ②米… Ⅲ.①市政工程—工程造价—高等学校—教材 Ⅳ.①TU723.32

中国版本图书馆CIP数据核字（2021）第076969号

出版发行 / 北京理工大学出版社有限责任公司

社　　址 / 北京市海淀区中关村南大街5号

邮　　编 / 100081

电　　话 / （010）68914775（总编室）
　　　　　　（010）82562903（教材售后服务热线）
　　　　　　（010）68948351（其他图书服务热线）

网　　址 / http://www.bitpress.com.cn

经　　销 / 全国各地新华书店

印　　刷 / 北京紫瑞利印刷有限公司

开　　本 / 787毫米×1092毫米　1/16

印　　张 / 15　　　　　　　　　　　　　　　　责任编辑 / 孟祥雪

字　　数 / 364千字　　　　　　　　　　　　　　文案编辑 / 孟祥雪

版　　次 / 2021年9月第1版　2021年9月第1次印刷　责任校对 / 周瑞红

定　　价 / 68.00元　　　　　　　　　　　　　　责任印制 / 边心超

图书出现印装质量问题，请拨打售后服务热线，本社负责调换

前　言

本书以高技能型人才培养为理念，以市政工程造价员的岗位标准和职业能力需求为依据，课程内容循序渐进、层层展开。本书以具体的道路、排水、桥梁工程项目的工作过程为主线，根据工作进行的需要组织课程，按照企业的实际工作任务组织教学内容，做到紧密结合工程实际，精练理论，注重实用，培养技能。通过工程项目案例教学，学生可以熟悉和掌握市政工程工程量清单计价与定额计价的基本方法，熟练使用市政工程定额，具有工程量计算和应用工程造价软件编制市政工程计价文件的职业能力，达到市政工程造价员岗位技能和职业资格的要求。为了进一步增强学生的实际应用能力，建议在教学中选择适当的市政工程实例，指导学生独立完成该计价文件的编制，巩固强化所学知识。

本书依据新标准、规范、通知及相关规定进行编制，依据《建设工程工程量清单计价规范》（GB 50500—2013）、《市政工程工程量计算规范》（GB 50857—2013）调整了清单计量与计价的相关内容；依据国家营改增的相关规定、《辽宁省市政工程预算定额》（2017版）对市政工程预算定额应用的例题，以及道路工程、排水管网工程、桥涵工程的综合案例进行了较大的修改与调整，使之既适用于实际教学，也有利于学生理解和掌握。

本书由辽宁城市建设职业技术学院刘宁、米秋东担任主编，由辽宁城市建设职业技术学院范炳娟、宋丽新担任副主编。感谢中交天津港湾工程研究院有限公司教授级高级工程师朱耀庭参与本书编写，为本书提供工程案例与工程图纸。全书共分三篇共12章，其中第一篇（第1章、第2章）、第二篇（第3章~第7章）由刘宁编写，第三篇的第8、9、10章由米秋东编写，第三篇的第11章由范炳娟编写，第三篇的第12章由宋丽新编写。刘宁负责组织、统稿工作。

由于编者水平有限，书中难免存在差错、疏漏之处，敬请同行专家及广大读者批评指正。如读者在使用本书的过程中有其他意见或建议，恳请向编者（邮箱：41003806711@qq.com）提出宝贵意见。

编　者

目 录

第二篇 市政工程定额计价模式下的计量与计价

第一篇　市政工程造价原理

第1章　工程造价基础知识

本章学习要点

1. 工程造价的意义与含义。
2. 建筑安装工程费用的构成及各项费用的概念。
3. 工程造价与建设项目组成、建设程序的关系。

引言

工程项目建设的周期一般比较长，可分为项目可行性研究与决策阶段、项目初步设计阶段、项目技术设计阶段、项目施工图设计阶段、项目招投标阶段、项目实施阶段、项目竣工验收阶段、项目试运行阶段、项目运行阶段。在每个阶段进行工程的投资管理活动，都会产生相应的费用，这些费用是如何构成的呢？每个阶段预计和实际发生的费用相同吗？

1.1　工程造价的意义与含义

1.1.1　工程造价的意义

工程造价的直接意义就是工程的建造价格，是工程项目按照确定的建设项目、建设规模、建设标准、功能要求、使用要求等全部建成后经验收合格并交付使用所需要的全部费用。

1.1.2　工程造价的含义

工程造价有两种含义，具体如下所述。

1. 第一种含义

工程造价是指建设一项工程预期或实际开支的全部固定资产的投资费用。

这一含义是从投资者——业主的角度来定义的。投资者选定一个投资项目,为了获得预期的效益,需要通过项目评估、决策、设计招标、施工招标、监理招标、工程施工监督管理,直至竣工验收等系列的投资管理活动,在投资管理活动中所支付的全部费用就形成了固定资产和无形资产。

工程造价的第一种含义即建设项目总投资中的固定资产投资。

📝 **知识链接**

建设项目总投资包括固定资产投资和流动资产投资两部分,具体构成见表1-1。

表 1-1 建设项目总投资的构成

			设备购置费	设备原价
建设项目总投资	固定资产投资(工程造价的第一种含义)	设备及工具、器具购置费用	设备购置费	设备运杂费
			工具、器具及生产家具购置费	
		建筑安装工程费用(工程造价的第二种含义)	人工费	
			材料费	
			施工机具使用费	
			企业管理费	
			利润	
		工程建设其他费用	土地使用费	
			与项目建设有关的其他费用	
			与未来企业生产经营有关的其他费用	
		预备费	基本预备费	
			涨价预备费	
		建设期利息		
		固定资产投资方向调节税		
	流动资产投资			

2. 第二种含义

工程造价是指为建设一项工程,预计或实际在土地市场、设备市场、技术劳务市场、承包市场等交易活动中所形成的建筑安装工程总价格。

这一含义以建设工程项目这种特定的商品作为交易对象,通过招投标或其他交易方式,在进行多次预估的基础上,最终由市场形成价格。

工程造价的第二种含义即建设项目总投资中的建筑安装工程费用。

1.2 建筑安装工程费用的构成

根据《住房和城乡建设部、财政部关于印发〈建筑安装工程费用项目组成〉的通知》(建标〔2013〕44号)规定,建筑安装工程费用有两种划分方式,即按费用构成要素划分和按工程造价形成顺序划分。

1.2.1　按费用构成要素划分

建筑安装工程费用项目按费用构成要素划分，可分为人工费、材料费、施工机具使用费、企业管理费、利润、规费和税金，如图 1-1 所示。

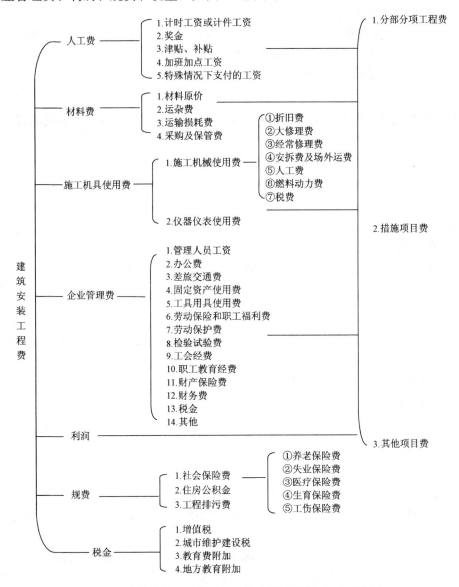

图 1-1　建筑安装工程费用项目组成（按费用构成要素划分）

1. 人工费

人工费是指按工资总额构成规定，支付给从事建筑安装工程施工的生产工人和附属生产单位工人的各项费用。人工费包括以下内容：

（1）计时工资或计件工资：是指按计时工资标准和工作时间或对已做工作按计件单价支付给个人的劳动报酬。

（2）奖金：是指对超额劳动和增收节支支付给个人的劳动报酬，如节约奖、劳动竞赛奖等。

（3）津贴、补贴：是指为了补偿职工特殊或额外的劳动消耗和因其他特殊原因支付给个人的津贴，以及为了保证职工工资水平不受物价影响支付给个人的物价补贴，如流动施工津贴、特殊地区施工津贴、高温(寒)作业临时津贴、高空津贴等。

（4）加班加点工资：是指按规定支付的在法定节假日工作的加班工资和在法定日工作时间外延时工作的加点工资。

（5）特殊情况下支付的工资：是指根据国家法律、法规和政策规定，因病、工伤、产假、计划生育假、婚丧假、事假、探亲假、定期休假、停工学习、执行国家或社会义务等原因按计时工资标准或计时工资标准的一定比例支付的工资。

2. 材料费

材料费是指施工过程中耗费的原材料、辅助材料、构配件、零件、半成品或成品、工程设备的费用。材料费包括以下内容：

（1）材料原价：是指材料、工程设备的出厂价格或商家供应价格。

（2）运杂费：是指材料、工程设备自来源地运至工地仓库或指定堆放地点所发生的全部费用。

（3）运输损耗费：是指材料在运输和装卸过程中不可避免的损耗。

（4）采购及保管费：是指为组织采购、供应和保管材料、工程设备的过程中所需要的各项费用，包括采购费、仓储费、工地保管费、仓储损耗。

📻**特别提示**

依据国家发展改革委、财政部等9部委发布的《标准施工招标文件》的有关规定，将工程设备费列入材料费；工程设备是指构成或计划构成永久工程一部分的机电设备、金属结构设备、仪器装置及其他类似的设备和装置。

3. 施工机具使用费

施工机具使用费是指施工作业所发生的施工机械、仪器仪表使用费或其租赁费。

（1）施工机械使用费。施工机械使用费以施工机械台班耗用量乘以施工机械台班单价表示。施工机械台班单价应由下列7项费用组成。

1）折旧费：是指施工机械在规定的使用年限内，陆续收回其原值的费用。

2）大修理费：是指施工机械按规定的大修理间隔台班进行必要的大修理，以恢复其正常功能所需的费用。

3）经常修理费：是指施工机械除大修理外的各级保养和临时故障排除所需的费用。其包括为保障机械正常运转所需替换设备与随机配备工具附具的摊销和维护费用，机械运转中日常保养所需润滑与擦拭的材料费用，以及机械停滞期间的维护和保养费用等。

4）安拆费及场外运费：安拆费是指施工机械(大型机械除外)在现场进行安装与拆卸所需的人工、材料、机械和试运转费用，以及机械辅助设施的折旧、搭设、拆除等费用；场外运费是指施工机械整体或分体自停放地点运至施工现场或由一个施工地点运至另一个施工地点的运输、装卸、辅助材料及架线等费用。

5）人工费：是指机上司机(司炉)和其他操作人员的人工费。

6）燃料动力费：是指施工机械在运转作业中所消耗的各种燃料及水、电等费用。

7）税费：是指施工机械按照国家规定应缴纳的车船使用税、保险费及年检费等。

（2）仪器仪表使用费。仪器仪表使用费是指工程施工所需使用的仪器仪表的摊销及维修费用。

4. 企业管理费

企业管理费是指建筑安装企业组织施工生产和经营管理所需的费用。企业管理费包括以下内容：

（1）管理人员工资：是指按规定支付给管理人员的计时工资、奖金、津贴补贴、加班工资及特殊情况下支付的工资等。

（2）办公费：是指企业管理办公用的文具、纸张、账表、印刷、邮电、书报、办公软件、现场监控、会议、水电和集体取暖降温（包括现场临时宿舍取暖降温）等费用。

（3）差旅交通费：是指职工因公出差、调动工作的差旅费、住勤补助费，市内交通费和误餐补助费，职工探亲路费，劳动力招募费，职工退休、退职一次性路费，工伤人员就医路费，工地转移费及管理部门使用交通工具的油料、燃料等费用。

（4）固定资产使用费：是指管理和试验部门及附属生产单位使用的属于固定资产的房屋、设备、仪器等的折旧、大修、维修或租赁费。

（5）工具用具使用费：是指企业施工生产和管理使用的不属于固定资产的工具，器具，家具，交通工具和检验、试验、测绘、消防用具等的购置、维修和摊销费。

（6）劳动保险和职工福利费：是指由企业支付的职工退职金、按规定支付给离休干部的经费，集体福利费，夏季防暑降温费，冬季取暖补贴，上下班交通补贴等。

（7）劳动保护费：是指企业按规定发放的劳动保护用品的支出，如工作服、手套、防暑降温饮料及在有碍身体健康的环境中施工的保健费用等。

（8）检验试验费：是指施工企业按照有关标准规定，对建筑及材料、构件和建筑安装物进行一般鉴定、检查所发生的费用，包括自设实验室进行试验所耗用的材料等费用，不包括新结构、新材料的试验费，对构件做破坏性试验及其他特殊要求检验试验的费用和建设单位委托检测机构进行检测的费用，对此类检测发生的费用，由建设单位在工程建设其他费用中列支。但对施工企业提供的具有合格证明的材料进行检测不合格的，该检测费用由施工企业支付。

（9）工会经费：是指企业按《中华人民共和国工会法》规定的全部职工工资总额比例计提的工会经费。

（10）职工教育经费：是指企业按职工工资总额的规定比例计提，为职工进行专业技术和职业技能培训，专业技术人员继续教育、职工职业技能鉴定、职业资格认定，以及根据需要对职工进行各类文化教育所发生的费用。

（11）财产保险费：是指施工管理用财产、车辆等的保险费用。

（12）财务费：是指企业为施工生产筹集资金或提供预付款担保、履约担保、职工工资支付担保等所发生的各种费用。

（13）税金：是指企业按规定缴纳的房产税、车船使用税、土地使用税、印花税等。

（14）其他：包括技术转让费、技术开发费、投标费、业务招待费、绿化费、广告费、公证费、法律顾问费、审计费、咨询费、保险费等。

5. 利润

利润是指施工企业完成所承包工程获得的盈利。

6. 规费

规费是指按国家法律、法规规定，由省级政府和省级有关权力部门规定必须缴纳或计取的费用。规费包括以下内容：

(1)社会保险费。

1)养老保险费：是指企业按照规定标准为职工缴纳的基本养老保险费。

2)失业保险费：是指企业按照规定标准为职工缴纳的失业保险费。

3)医疗保险费：是指企业按照规定标准为职工缴纳的基本医疗保险费。

4)生育保险费：是指企业按照规定标准为职工缴纳的生育保险费。

5)工伤保险费：是指企业按照规定标准为职工缴纳的工伤保险费。

(2)住房公积金。住房公积金是指企业按规定标准为职工缴纳的住房公积金。

(3)工程排污费。工程排污费是指企业按规定缴纳的施工现场工程排污费。

其他应列而未列入的规费，按实际发生计取。

7. 税金

税金是指国家税法规定的应计入建筑安装工程造价内的增值税、城市维护建设税、教育费附加及地方教育附加。

1.2.2 按工程造价形成顺序划分

建筑安装工程费用项目按工程造价形成顺序划分，可分为分部分项工程费、措施项目费、其他项目费、规费和税金。其他项目费包含人工费、材料费、施工机具使用费、企业管理费和利润，如图 1-2 所示。

1. 分部分项工程费

分部分项工程费是指各专业工程的分部分项工程应予列支的各项费用。

(1)专业工程：是指按现行国家计量规范划分的房屋建筑与装饰工程、仿古建筑工程、通用安装工程、市政工程、园林绿化工程、矿山工程、构筑物工程、城市轨道交通工程、爆破工程等各类工程。

(2)分部分项工程：是指按现行国家计量规范对各专业工程划分的项目，如房屋建筑与装饰工程划分的土石方工程、地基处理与桩基工程、砌筑工程、钢筋及钢筋混凝土工程等。各类专业工程的分部分项工程划分见现行国家或行业计量规范。

2. 措施项目费

措施项目费是指为完成建设工程施工，发生于该工程施工前和施工过程中的技术、生活、安全、环境保护等方面的费用。措施项目费包括以下内容：

(1)安全文明施工费。

1)环境保护费：是指施工现场为达到环保部门要求所需的各项费用。

2)文明施工费：是指施工现场文明施工所需的各项费用。

3)安全施工费：是指施工现场安全施工所需的各项费用。

4)临时设施费：是指施工企业为进行建设工程施工所必须搭设的生活和生产用的临时建筑物、构筑物和其他临时设施费用。其内容包括临时设施的搭设、维修、拆除、清理费或摊销费等。

(2)夜间施工增加费：是指因夜间施工所发生的夜班补助费、夜间施工降效、夜间施工

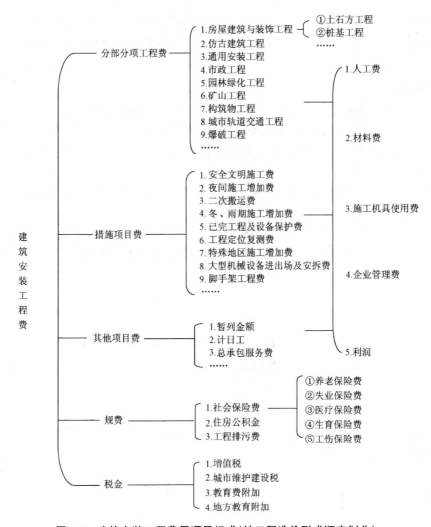

图1-2 建筑安装工程费用项目组成(按工程造价形成顺序划分)

照明设备摊销及照明用电等费用。

(3)二次搬运费：是指因施工场地条件限制而发生的材料、构配件、半成品等一次运输不能到达堆放地点，必须进行二次或多次搬运所发生的费用。

(4)冬、雨期施工增加费：是指在冬期或雨期施工需增加的临时设施、防滑、排除雨雪，人工及施工机械效率降低等费用。

(5)已完工程及设备保护费：是指竣工验收前，对已完工程及设备采取的必要保护措施所发生的费用。

(6)工程定位复测费：是指工程施工过程中进行全部施工测量放线和复测工作的费用。

(7)特殊地区施工增加费：是指工程在沙漠或其边缘地区、高海拔、高寒、原始森林等特殊地区施工增加的费用。

(8)大型机械设备进出场及安拆费：是指机械整体或分体自停放场地运至施工现场或由一个施工地点运至另一个施工地点，所发生的机械进出场运输与转移费用，以及机械在施工现场进行安装、拆卸所需的人工费、材料费、机械费、试运转费和安装所需的辅助设施的费用。

(9)脚手架工程费：是指施工需要的各种脚手架搭、拆、运输费用及脚手架购置费的摊销(或租赁)费用。其他措施项目及其包含的内容详见各类专业工程的现行国家或行业计量规范。

3. 其他项目费

(1)暂列金额：是指建设单位在工程量清单中暂定并包括在工程合同价款中的一笔款项。其用于施工合同签订时尚未确定或者不可预见的所需材料、工程设备、服务的采购，施工中可能发生的工程变更、合同约定调整因素出现时的工程价款调整，以及发生的索赔、现场签证确认等的费用。

(2)计日工：是指在施工过程中，施工企业完成建设单位提出的施工图纸以外的零星项目或工作所需的费用。

(3)总承包服务费：是指总承包人为配合、协调建设单位进行的专业工程发包，对建设单位自行采购的材料、工程设备等进行保管及施工现场管理、竣工资料汇总整理等服务所需的费用。

4. 规费

与1.2.1节按费用构成要素划分相同。

5. 税金

与1.2.1节按费用构成要素划分相同。

🔲 **特别提示**

在两种划分方式下，建筑安装工程费用组成的费用项目名称不同，但在本质上，建筑安装工程费用的构成是相同的。

1.3　工程建设项目组成与工程造价

工程建设项目按建设管理和合理确定工程造价的需要，可划分为建设项目、单项工程、单位工程、分部工程和分项工程。

1. 建设项目

建设项目是指在一个总体设计范围内，经济上实行统一核算，行政上实行统一管理的建设单位，一般应以一个企业(或联合企业)、事业单位或大型综合独立工程作为一个建设项目。例如，市政工程中城市内环线工程、一座桥梁；工业与民用建筑工程中一个工厂、一座学校，均为一个建设项目。

2. 单项工程

单项工程是建设项目的组成部分，是指具有独立的设计文件、建成后可以独立发挥生产能力和使用效益的工程。例如，城市内环线工程的道路工程、排水工程、其他地下管线工程等，学校的教学楼、图书馆、食堂等，都是一个单项工程。

一个建设项目可能是一个单项工程，也可能包括若干个单项工程。

3. 单位工程

单位工程是单项工程的组成部分，是指具有独立的设计文件、可以独立组织施工，但建成后一般不能独立发挥生产能力和使用效益的工程。

通常根据能否独立施工、独立核算的要求，将一个单项工程划分为若干个单位工程。

例如，一段道路工程、一段排水管道工程等都是一个单位工程。单位工程一般是进行工程成本核算的对象。

4. 分部工程

分部工程是单位工程的组成部分，是指在一个单位工程中，按工程部位及使用的材料、工种进一步划分的工程。

例如，可将一段道路工程分解为路基工程、路面工程、附属工程等若干个分部工程；将一段排水管道工程分解为管道基础及铺设、定型井等若干个分部工程。

5. 分项工程

分项工程是分部工程的组成部分，是指在一个分部工程中，按照不同的施工方法、不同材料的规格等进一步划分确定的工程。分项工程是最小的一个层次，是施工图预算中最基本的计算单位。

例如，路面工程可以按不同的材料划分为水泥混凝土路面、沥青混凝土路面等若干个分项工程；定型井可分为污水检查井、雨水检查井、雨水进水井等若干个分项工程。市政工程项目划分如图 1-3 所示。

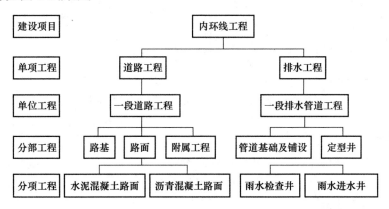

图 1-3　市政工程项目划分示意

🖥 **特别提示**

一个建设项目通常由一个或若干个单项工程组成；一个单项工程通常由若干个单位工程组成；一个单位工程通常由若干个分部工程组成；一个分部工程通常由若干个分项工程组成。

按照建设项目组成的层次划分，工程造价的组成也可分为建设项目总造价、单项工程造价、单位工程造价、分部工程造价和分项工程造价。

工程造价的计算过程：分部分项工程造价→单位工程造价→单项工程造价→建设项目总造价。

特别提示

市政工程计量与计价是由局部到整体的一个计算过程，即分项工程→分部工程→单位工程→单项工程→建设项目的分解、组合计算的过程。

合理划分建设项目的组成，尤其是分部分项工程的划分是进行工程计量与计价的一项很重要的工作。

1.4 工程建设基本程序与工程造价

工程建设基本程序一般划分为项目建议书和可行性研究阶段、初步设计阶段、技术设计阶段、施工图设计阶段、招投标阶段、施工阶段、竣工验收阶段、项目交付使用阶段八个阶段。

工程建设周期长、规模大，工程建设程序划分为若干个阶段，相应地需要在工程建设的不同阶段多次进行工程造价的计算。建设程序与各阶段计价文件关系如图1-4所示。

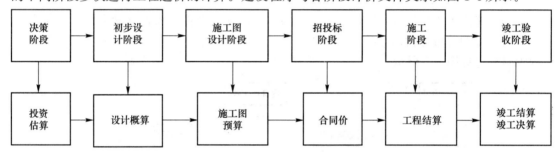

图1-4 建设程序与各阶段计价文件关系示意

1. 投资估算

投资估算是指在项目建议书和可行性研究阶段，由建设单位或受其委托的咨询机构编制，依据项目建议、投资估算指标及类似工程的有关资料，预先测算和确定的建设项目的投资额，又称为估算造价。

投资估算是决策、筹资和控制造价的主要依据。

2. 概算造价

概算造价是指在初步设计或扩大初步设计阶段，由设计单位编制，依据初步设计图纸和说明、概算指标或概算定额、各项费用取费标准、类似工程预（决）算文件等预先测算和限定的工程造价。

概算造价又称为设计概算，是设计文件的组成部分，根据编制的先后顺序和范围大小可以分为单位工程概算、单项工程概算、建设项目总概算。

概算造价受投资估算（估算造价）的控制，同时概算造价比投资估算造价的准确性有所提高。

3. 修正概算造价

修正概算造价是指在采用三阶段设计的技术设计阶段，由设计单位编制，依据技术设计的要求，通过编制修正概算文件预先测算和限定的工程造价。

修正概算造价又称为修正设计概算，是对初步设计阶段的概算造价的修正和调整，比概算造价准确，但受概算造价控制。

4. 预算造价

预算造价是指在施工图设计阶段，由建设单位或设计单位、受其委托的咨询单位编制，依据施工图、预算定额或估价表、费用定额，以及地区人工、材料、机械、设备的价格等预先测算和限定的工程造价。

预算造价又称为施工图预算，受设计概算或修正设计概算的控制，但比设计概算或修正设计概算更详尽和准确。

5. 合同价

合同价是指在工程招投标阶段，由投标单位依据招标单位提供的图纸、招标文件、预算定额或企业定额、费用定额，以及地区人工、材料、机械、设备的价格等编制投标报价，再通过评标、定标，确定中标单位后在工程承包合同中确定的工程造价。

合同价是承发包双方根据市场行情共同议定和认可的成交价格。其不等同于工程的实际造价。建设工程合同有多种类型，不同类型的合同，其合同价的内涵也有所不同。

6. 施工预算

施工预算是指在实施阶段，在工程施工前，由施工单位编制，依据施工图及标准图集、施工定额(或借用预算定额)、施工组织设计(或施工方案)、施工及验收规范等编制的单位工程或分部分项工程施工所需要的人工、材料、机械台班的数量和费用。施工预算是施工单位进行施工准备、编制施工进度计划、编制资源供应计划、加强内部经济核算的依据。

7. 结算价

(竣工)结算价是指在竣工验收阶段，由施工单位编制，依据合同调价范围、调价方法等相关规定，对实际发生的工程量增减、设备和材料的价差等进行调整后计算和确定，并由建设单位或受其委托的咨询单位核对，最终确定的工程造价。

结算价是该结算工程的实际造价。

📋 知识链接

工程结算是指施工企业依据承包合同和已完工程量，按照规定的程序向建设单位收取工程价款的一项经济活动。如果工程建设周期长、耗用资金数量大，则需要对工程价款进行中间结算(进度款结算)、年终结算和竣工结算。

8. 决算价

决算价是指在竣工验收、交付使用后，由建设单位编制，建设项目从筹建到竣工验收、交付使用全过程实际支付的全部建设费用。决算价又称为竣工决算，是整个建设项目的最终价格。

1.5 建设工程造价的特点

1. 大额性

能够发挥投资效益的任何一项工程，不仅实物形体庞大，而且工程造价高昂。一般工程造价也需上百万元、上千万元，特大工程造价可达上百亿元、上千亿元。

2. 个别性

任何一项工程都有特定的用途、功能和规模，因而，工程内容和实物形态都具有个别性从而决定了工程造价的个别性。同时，由于每项工程所处地区、地段的不同，使得工程造价的个别性更为突出。

3. 动态性

工程建设周期较长，在此期间会出现许多影响工程造价的因素，如设计变更、设备材料价格的变动、利率及汇率的变化等，使得工程造价在建设期内处于不确定状态。

4. 层次性

建设项目的组成具有层次性，与此对应，工程造价也具有层次性。其包括分项工程造价、分部工程造价、单位工程造价、单项工程造价、建设项目总造价。

5. 兼容性

工程造价的兼容性首先表现在它具有两种含义，其次表现在工程造价构成因素的广泛性。另外，盈利的构成也较为复杂，资金成本较大。

 习题

1. 什么是工程造价？
2. 按费用构成要素组成划分，建筑安装工程费用由哪几部分组成？
3. 按工程造价形成顺序划分，建筑安装工程费用由哪几部分组成？
4. 人工费包括哪几部分费用？
5. 新结构、新材料的试验费包含在企业管理费中吗？
6. 什么是规费？其包括哪些内容？

第2章　市政工程定额

本章学习要点

1. 建设工程定额的概念、分类、特点、作用。
2. 施工定额的概念、组成和内容、作用。
3. 预算定额的概念、组成和内容、编制、应用。
4. 概算定额的概念、组成和内容、编制、作用。
5. 企业定额的概念、作用、编制。

引言

通过对技术测定法、经验估计法、统计计算法、比较类推法等定额编制方法的学习，学生应掌握劳动定额、材料消耗定额、机械台班定额、预算定额的编制方法和技能，为熟练运用市政工程预算定额编制施工图预算和工程量清单报价打好基础。

2.1　编制定额的基本方法

2.1.1　技术测定法

技术测定法也称为计时观察法，是一种科学的编制定额方法。该方法通过对施工过程的具体活动进行实地观察，详细记录工人和施工机械的工作时间消耗，测定完成产品的数量和有关影响因素，将观察记录结果进行分析研究，整理出可靠的数据资料，再运用一定的方法计算出编制定额的基础数据。

1. 技术测定法的主要步骤

(1)确定拟编定额项目的施工过程，对其组成部分进行必要的划分；

(2)选择正常的施工条件和合适的观察对象；

(3)到施工现场对观察对象进行测时观察，记录完成产品的数量、工时消耗及影响工时消耗的有关因素；

(4)分析整理观察资料。

2. 常用的技术测定方法

(1)测时法。测时法主要用于观察循环施工过程的定额工时消耗。测时法的特点是精度高，观察技术较复杂。

（2）写实记录法。写实记录法是一种研究各种性质工作时间消耗的技术测定法。采用该方法可以获得工作时间消耗的全部资料。写实记录法的特点是精度较高、观察方法比较简单。观察对象是一个工人或一个工人小组，采用普通表作为计时工具。

（3）工作日写实法。工作日写实法是研究整个工作班内各种损失时间、休息时间和不可避免中断时间的方法。工作日写实法的特点是技术简便、资料全面。

2.1.2 经验估计法

经验估计法是根据定额员、施工员、内业技术员、老工人的实际工作经验，对生产某一产品或完成某项工作所需的人工、材料、机械台班数量进行分析、讨论、估算，并最终确定消耗量的一种方法。

经验估计法的特点是计算简单、工作量小、精度差。

2.1.3 统计计算法

统计计算法是运用过去统计资料编制定额的一种方法。

统计计算法的优点是编制定额简单可行，只要对过去的统计资料加以分析和整理就可以计算出定额消耗指标；缺点是统计资料不可避免地包含各种不合理因素，这些因素必然会影响定额水平，降低定额质量。

2.1.4 比较类推法

比较类推法也称为典型定额法。该方法是在同类型的定额子目中，选择有代表性的典型子目，首先用技术测定法确定各种消耗量，然后根据测定的定额用比较类推法编制其他相关定额。

比较类推法的优点是简单易行，有一定的准确性；缺点是该方法运用了正比例的关系来编制定额，故有一定的局限性。

2.2 预算定额的特性

在社会主义市场经济条件下，预算定额具有以下三个方面的特性。

2.2.1 科学性

预算定额的科学性是指定额是采用技术测定法、统计计算法等科学方法，在认真研究施工生产过程客观规律的基础上，通过长期的观察、测定、统计分析总结生产实践经验及广泛搜集现场资料的基础上编制的。在编制过程中，对工作时间、现场布置、工具设备改革、工艺过程及施工生产技术与组织管理等方面，进行科学的研究分析，因而，所编制的预算定额客观地反映了行业的社会平均水平。所以，定额具有科学性。

2.2.2 权威性

在计划经济体制下，预算定额具有法令性，即预算定额经国家主管机关批准颁发后，具有经济法规的性质，执行预算定额的所有各方必须严格遵守，不能随意改变预算定额的内容和水平。

但是，在市场经济条件下，预算定额在执行过程中允许施工企业根据招投标的具体情况进行调整，内容和水平也可以变化，使其体现市场经济竞争性的特点和自主报价的特点，故预算定额的法令性淡化了。所以，具有权威性的预算定额既能起到国家宏观调控建筑市场的作用，又能起到让建筑市场充分发育的作用。这种具有权威性的预算定额，能使承包商在竞争过程中有根据地改变其定额水平，起到推动社会生产力水平发展和提高建设投资效益的目的。具有权威性的预算定额符合社会主义市场经济条件下建筑产品的生产规律。

预算定额的权威性是建立在采用先进科学的编制方法上，能正确反映本行业的生产力水平，符合社会主义市场经济的发展规律。

2.2.3 群众性

预算定额的群众性是指预算定额的制定和执行都必须有广泛的群众基础。首先，预算定额的水平高低主要取决于建筑安装工人所创造的劳动生产力水平的高低；其次，工人直接参加预算定额的测定工作，有利于制定出容易使用和推广的预算定额；最后，预算定额的执行要依靠广大职工的生产实践活动才能完成。

2.3 预算定额的编制原则

2.3.1 平均水平原则

平均水平是指编制预算定额时应遵循价值规律的要求，即按生产该产品的社会必要劳动量来确定其人工、材料、机械台班消耗量。也就是说，在正常施工条件下，以平均的劳动强度、平均的技术熟练程度、平均的技术装备条件，完成单位合格建筑产品所需的劳动消耗量来确定预算定额的消耗量水平。这种以社会必要劳动量来确定预算定额水平的原则，称为平均水平原则。

2.3.2 简明适用原则

预算定额的简明与适用是统一体中的一对矛盾，如果只强调简明，适用性就差；如果单纯追求适用，简明性就差。因此，预算定额应在适用的基础上力求简明。

简明适用原则主要体现在以下四个方面：

(1)满足使用各方的需要。例如，满足编制施工图预算、编制竣工结算、编制投标报价、工程成本核算、编制各种计划等的需要，不但要注意项目齐全，而且要注意补充新结构、新工艺的项目。另外，还需要注意每个定额子目的内容划分要恰当。例如，预制构件的制作、运输、安装划分为三个子目较合适，因为在工程施工中，预制构件的制作、运输、安装往往由不同的施工单位来完成。

(2)确定预算定额的计量单位时，要考虑简化工程量的计算。例如，砌墙定额的计量单位采用"m³"要比用"块"更简便。

（3）预算定额中的各种说明，要简明扼要，通俗易懂。

（4）编制预算定额时要尽量少留活口，因为补充预算定额必然会影响定额水平的一致性。

2.4 劳动定额的编制

预算定额是根据劳动定额、材料消耗定额、机械台班定额编制的，在讨论预算定额编制前应该了解上述三种定额的编制方法。

2.4.1 劳动定额的表现形式及相互关系

1. 产量定额

在正常施工条件下，某工种工人在单位时间内完成合格产品的数量，称为产量定额。产量定额的常用单位为 m^2/工日、m^3/工日、t/工日、套/工日、组/工日等。例如，砌一砖半厚标准砖基础的产量定额为 $1.08\ m^3$/工日。

2. 时间定额

在正常施工条件下，某工种工人完成单位合格产品所需的劳动时间，称为时间定额。时间定额的常用单位为工日/m^2、工日/m^3、工日/t、工日/组等。例如，现浇混凝土过梁的时间定额为 1.99 工日/m^3。

3. 产量定额与时间定额的关系

产量定额与时间定额是劳动定额两种不同的表现形式，它们之间是互为倒数的关系。

$$时间定额 = \frac{1}{产量定额} \qquad\qquad (2\text{-}1)$$

或

$$时间定额 \times 产量定额 = 1 \qquad\qquad (2\text{-}2)$$

利用这种倒数关系就可以求另外一种表现形式的劳动定额。例如：

$$一砖半厚砖基础的时间定额 = \frac{1}{产量定额} = \frac{1}{1.08} = 0.926（工日/m^3）$$

$$现浇过梁的产量定额 = \frac{1}{时间定额} = \frac{1}{1.99} = 0.503（m^3/工日）$$

2.4.2 时间定额与产量定额的特点

产量定额以"m^2/工日、m^3/工日、t/工日、套/工日"等单位表示，数量直观、具体，容易被工人理解和接受，因此，产量定额适用于向工人班组下达生产任务。

时间定额以"工日/m^2、工日/m^3、工日/t、工日/组"等为单位，不同的工作内容有共同的时间单位，定额完成量可以相加，因此，时间定额适用于劳动计划的编制和统计完成任务情况。

2.4.3 劳动定额的编制方法

在取得现场测定资料后，一般采用以下计算公式编制劳动定额：

$$N=\frac{N_{基}\times100}{100-(N_{辅}+N_{准}+N_{息}+N_{断})} \tag{2-3}$$

式中　N——单位产品时间定额；

　　　$N_{基}$——完成单位产品的基本工作时间；

　　　$N_{辅}$——辅助工作时间占全部定额工作时间的百分比；

　　　$N_{准}$——准备结束时间占全部定额工作时间的百分比；

　　　$N_{息}$——休息时间占全部定额工作时间的百分比；

　　　$N_{断}$——不可避免的中断时间占全部定额工作时间的百分比。

[例 2-1] 根据下列现场测定资料，计算每 $100\ m^2$ 水泥砂浆抹地面的时间定额和产量定额。

基本工作时间：$1\ 450$ 工分$/50\ m^2$；

辅助工作时间：占全部工作时间 3%；

准备与结束工作时间：占全部工作时间 2%；

不可避免中断时间：占全部工作时间 2.5%；

休息时间：占全部工作时间 10%。

[解] 抹 $100\ m^2$ 水泥砂浆地面的时间定额 $=\dfrac{1\ 450\times100}{100-(3+2+2.5+10)}\div50\times100$

$$=3\ 515（工分）=58.58（工时）$$

$$=7.32（工日）$$

抹 $100\ m^2$ 水泥砂浆地面的产量定额 $=7.32$ 工日$/100\ m^2$

2.5　材料消耗定额的编制

2.5.1　材料净用量定额和损耗量定额

1. 材料消耗量定额的构成

(1)直接消耗用于建筑安装工程上的构成工程实体的材料；

(2)不可避免产生的施工废料；

(3)不可避免的材料施工操作损耗。

2. 材料消耗净用量定额与损耗量定额的划分

(1)直接构成工程实体的材料，称为材料消耗净用量定额。

(2)不可避免的施工废料和施工操作损耗，称为材料损耗量定额。

3. 净用量定额与损耗量定额之间的关系

$$材料消耗定额＝材料消耗净用量定额＋材料损耗量定额 \tag{2-4}$$

$$材料损耗率＝\frac{材料的损耗量定额}{材料消耗量定额}\times100\% \tag{2-5}$$

或

$$材料损耗率＝\frac{材料的损耗量}{材料消耗量}\times100\% \tag{2-6}$$

$$材料消耗定额 = \frac{材料消耗净用量定额}{1 - 材料损耗率} \quad (2-7)$$

或

$$总消耗量 = \frac{净用量}{1 - 损耗率} \quad (2-8)$$

在实际工作中，为了简化上述计算过程，常用以下公式计算总消耗量：

$$总消耗量 = 净用量 \times (1 + 损耗率) \quad (2-9)$$

其中

$$损耗率 = \frac{损耗量}{净用量} \quad (2-10)$$

例如，浇筑混凝土构件时，由于所需混凝土材料在搅拌、运输过程中不可避免的损耗，以及振捣后变得密实，每立方米混凝土产品往往需要消耗 1.02 m³ 混凝土拌和材料。

建设工程中的材料可以分为一次性使用材料和周转性使用材料两种类型。一次性使用材料直接构成工程实体，如水泥、碎石、砂、钢筋等；周转性使用材料在施工中可多次使用，但不构成工程实体，如脚手架、模板、挡土板、井点管等。

2.5.2 编制材料消耗定额的基本方法

1. 现场技术测定法

用现场技术测定法可以取得编制材料消耗定额的全部资料。一般情况下，材料消耗定额中的净用量比较容易确定，损耗量较难确定。可以通过现场技术测定方法来确定材料的损耗量。

2. 试验法

试验法是在实验室内采用专门的仪器设备，通过试验的方法来确定材料消耗定额的一种方法。用这种方法提供的数据，虽然精确度较高，但容易脱离现场实际情况。

2.6 机械台班定额的编制

机械台班使用定额是完成单位合格产品所必须消耗的机械台班数量标准。其可分为机械时间定额和机械产量定额。

2.6.1 机械时间定额

机械时间定额就是生产质量合格的单位产品所必须消耗的某种机械工作时间。机械时间定额以某种机械一个工作日(8 小时)为一个台班进行计量。其计算方法为

$$机械时间定额(台班) = \frac{1}{机械台班产量定额} \quad (2-11)$$

2.6.2 机械产量定额

机械产量定额就是某种机械在一个台班时间内所应完成合格产品的数量。其计算方法为

$$机械台班产量定额 = \frac{1}{机械时间定额} \quad (2-12)$$

机械时间定额与机械产量定额互为倒数，即

$$机械时间定额（台班）=\frac{1}{机械台班产量定额}\qquad(2-13)$$

或

$$机械台班产量定额=\frac{1}{机械时间定额}\qquad(2-14)$$

或

$$机械时间定额×机械台班产量定额＝1\qquad(2-15)$$

[**例 2-2**] 机械运输及吊装工程分部定额中规定安装装配式钢筋混凝土柱(构件质量在 5 t 以内)，每立方米采用履带吊为 0.058 台班，试确定机械时间定额、机械产量定额。

[**解**]
$$机械时间定额=0.058(台班/m^3)$$
$$机械产量定额=1/0.058=17.24(m^3/台班)$$

2.7　预算定额的编制

2.7.1　预算定额的概念

预算定额是确定计量单位的合格的分项工程或结构构件的人工、材料、机械台班消耗量的数量标准。

现行市政工程的预算定额有全国统一使用的预算定额，如原建设部编制的《全国统一市政工程预算定额》，也有各省、市编制的地区预算定额，如《辽宁省市政工程预算定额》(2017 版)。

2.7.2　预算定额的作用

(1)预算定额是编制施工图预算，确定和控制建设工程造价的基础。

(2)预算定额是编制招标标底、投标报价的基础。

(3)预算定额是工程结算的依据。

(4)预算定额是施工企业进行经济活动分析的依据。

(5)预算定额是编制施工组织设计、施工作业计划的依据。

(6)预算定额是编制概算定额与概算指标的基础。

2.7.3　预算定额的编制原则与依据、步骤、方法

1. 预算定额的编制原则

(1)按社会平均水平确定的原则。预算定额应按照"在现有的社会正常的生产条件下，在社会平均的劳动熟练程度和劳动强度下，制造某种使用价值所需的劳动时间"来确定定额水平。

预算定额的平均水平是指在正常的施工条件、合理的施工组织和工艺条件、平均劳动熟练程度和劳动强度下，完成单位分项工程基本构造所需的劳动时间、材料消耗量、机械台班消耗量。

预算定额的水平是以大多数施工企业的施工定额水平为基础的，但不是简单套用施工定额的水平；预算定额中包含了更多的可变因素，需要保留合理的幅度差，如人工幅度差、机械幅度差等。

预算定额是社会平均水平，施工定额是平均先进水平。

(2)简明适用的原则。在编制预算定额时，对于主要的、常用的、价值大的项目，分项工程划分宜细，相应的定额步距要小一些；对于次要的、不常用的、价值小的项目，分项工程的划分可以放粗一些，定额步距也可以适当大一些。

另外，预算定额项目要齐全，要注意补充采用新技术、新结构、新材料而出现的新定额项目，并应合理确定预算定额计量单位，简化工程量的计算，尽可能避免同种材料用不同的计量单位。

(3)坚持统一性和差别性相结合的原则。

1)统一性是指计价定额的制定规划和组织实施由国务院住房城乡建设主管部门归口，并负责全国统一定额制定和修订，颁发有关工程造价管理的规章制度、办法。

2)差别性是指在统一性的基础上，各部门和省、自治区、直辖市主管部门可以在自己管辖范围内，根据本部门和本地区的具体情况，制定部门和地区性定额，制定补充性制度和管理办法，以适应我国地区和部门之间发展不平衡、差异大的实际情况。

2. 预算定额的编制依据

(1)现行的劳动消耗定额、材料消耗定额和机械消耗定额及施工定额。

(2)现行的设计规范、施工及验收规范、质量评定标准和安全操作规程。

(3)具有代表性的典型工程施工图及现行的标准图。

(4)新技术、新结构、新材料和先进的施工方法等。

(5)有关科学试验，技术测定的统计、经验资料。

(6)现行的预算定额、材料预算价格及有关文件规定等。

3. 预算定额的编制步骤

预算定额的编制大致可以分为准备工作、收集资料、定额编制、定额审核、定额报批和整理资料五个阶段。

(1)准备工作阶段。

1)拟订编制方案。

2)根据专业需要划分编制小组和综合小组。

(2)收集资料阶段。

1)普遍收集资料。在已确定的编制范围内，采用表格化收集定额编制基础资料，以统计资料为主，注明所需的资料内容、填表要求和时间范围。

2)召开专题座谈会。邀请建设单位、设计单位、施工单位及其他相关单位的专业人员召开座谈会，就以往定额中存在的问题提出意见和建议，以便在新定额编制时加以改进。

3)收集现行规范、规定和相关政策法规资料。

4)收集定额管理部门积累的资料，包括定额解释、补充定额资料、新技术在工程实践中的应用资料等。

5)专项查定及试验资料，主要是混凝土、砂浆试验试配资料，还应收集一定数量的现场实际配合比资料。

（3）定额编制阶段。

1）确定编制细则，包括统一编制表格及编制方法，统一计算口径、计量单位和小数点位数等要求。

2）确定定额的项目划分和工程量计算规则。

3）定额人工、材料、机械台班耗用量的计算、复核和测算。

（4）定额审核阶段。

1）审核定稿。审稿的主要内容：文字表达确切通顺、简明易懂；定额数字正确无误；章节、项目之间无矛盾。

2）预算定额水平测算。测算方法如下：

①按工程类别比重测算：在定额执行范围内，选择有代表性的各类工程，分别以新旧定额对比测算，并按测算的年限以工程所占比例加权，以考察宏观影响程度。

②单项工程比较测算法：典型工程分别以新旧定额对比测算，以考察定额水平的升降及其原因。

（5）定额报批和整理资料阶段。

1）征求意见：定额初稿编制完成后，需要征求各方的意见、组织讨论、反馈意见。

2）修改、整理、报批：修改、整理后，形成报批稿。

3）撰写编制说明。

4）立档、成卷。

4. 预算定额的编制方法

（1）确定预算定额的计量单位。预算定额的计量单位是根据分部分项工程和结构构件的形体特征及其变化确定的。一般按以下方法确定：

1）结构构件的长、宽、高（厚）都变化时，可按体积以 m^3 为计量单位，如土方、混凝土构件等。

2）结构构件的厚（高）度有一定规格，长度、宽度不定时，可按面积以 m^2 为计量单位，如道路路面、人行道板等。

3）结构构件的横断面有一定形状和大小，长度不定时，可按长度以"延长米"为计量单位，如管道、桥梁栏杆等。

4）结构构件的构造比较复杂，可以"个、台、座、套"为计量单位。

5）工程量主要取决于设备或材料的质量，可以"吨"为计量单位。

在预算定额中人工按工日计算，机械按台班计算，材料按自然计算单位确定。

🗒 **特别提示**

为了减少小数位数、提高预算定额的准确性，通常采取扩大单位的办法，即预算定额通常采用 $1\ 000\ m^2$、$100\ m^3$、$100\ m^2$、$10\ m$、$10\ t$ 等计量单位。

（2）按典型设计图纸和资料计算工程量。通过计算典型设计图纸所包含的施工过程的工程量，有可能利用施工定额的人工、机械、材料消耗量指标确定预算定额所包含的各工序的消耗量。

（3）确定预算定额各分项工程人工、材料、机械台班消耗量指标。

1）人工工日消耗量的确定。预算定额的人工工日消耗量有两种确定方法：一是以劳动定额为基础确定，由分项工程所综合的各个工序劳动定额包括的基本用工、其他用工两部分组成；二是遇劳动定额缺项时，采用现场工作日写实等测时方法确定和计算人工耗用量。

预算定额中的人工工日消耗量是指正常施工条件下，完成定额单位分项工程所必须消耗的人工工日数量，由基本用工、其他用工两部分组成。

①基本用工。基本用工是指完成单位分项工程所必须消耗的技术工工种用工。按综合取定的工程量和相应的劳动定额计算。

$$基本用工=\sum（综合取定的工程量×施工劳动定额）\qquad(2-16)$$

②其他用工。其他用工包括辅助用工、超运距用工、人工幅度差。

a. 辅助用工：是指在技术工种劳动定额内不包括，而在预算定额内又必须考虑的用工，如机械土方工程配合用工、材料加工用工、电焊点火用工等。

b. 超运距用工：超运距是指预算定额所考虑的现场材料、半成品堆放地点到操作点的平均水平运距超过劳动定额中已包括的场内水平运距的部分。

$$超运距=预算定额取定运距-劳动定额已包括的运距\qquad(2-17)$$

特别提示

实际工程现场运距超过预算定额取定运距时，可另行计算现场二次搬运费。

c. 人工幅度差：是指劳动定额中未包括，而在正常施工情况下不可避免但又很难准确计量的用工和各种工时损失。其包括：各工种间的工序搭接及交叉作业相互配合或影响所发生的停歇用工；施工机械在单位工程之间转移及临时水电线路移动所造成的停工；质量检查和隐蔽工程验收工作的影响；场内班组操作地点的转移用工；工序交接时对前一工序不可避免的休整用工；施工中不可避免的其他零星用工。

$$人工幅度差=（基本用工+辅助用工+超运距用工）×人工幅度差系数\qquad(2-18)$$

人工幅度差系数一般为10%～15%。

人工工日消耗量=基本用工+辅助用工+超运距用工+人工幅度差

$$=（基本用工+辅助用工+超运距用工）×（1+人工幅度差系数）\qquad(2-19)$$

2）材料消耗量的确定。预算定额中的材料消耗量是指在正常施工条件下，完成定额单位分项工程所必须消耗的材料、成品、半成品、构配件及周转性材料的数量。预算定额中材料按用途划分为以下四类：

①主要材料：是指直接构成工程实体的材料，其中也包括半成品、成品，如混凝土等。

②辅助材料：是指直接构成工程实体，但用量较小的材料，如铁钉、铅丝等。

③周转材料：是指多次使用，但不构成工程实体的材料，如脚手架、模板等。

④其他材料：是指用量小、价值小的零星材料，如棉纱等。

预算定额的材料消耗量由材料的净用量和损耗量构成，预算定额材料消耗量的确定方法与施工定额中材料消耗量的确定方法相同。

3）机械台班消耗量的确定。预算定额的机械台班消耗量是指在正常施工条件下，完成定额单位分项工程所必须消耗的某种型号施工机械的台班数量。一般按施工定额中的机械台班产量并考虑一定的机械幅度差进行计算。

机械台班消耗量＝施工定额机械耗用台班消耗量×(1＋机械幅度差系数)　(2-20)

预算定额中的机械幅度差包括：施工技术原因引起的中断及合理的停歇时间；因供电供水故障及水电线路移动、检修而发生的中断及合理的停歇时间；因气候原因或机械本身故障引起的中断时间；施工机械在单位工程之间转移所造成的机械中断时间；各工种间的工序搭接及交叉作业相互配合或影响所发生的机械停歇时间；质量检查和隐蔽工程验收工作引起的机械中断时间；施工中不可避免的其他零星的施工机械中断或停歇时间。

(4)预算定额综合单价的确定。预算定额综合单价由人工费、材料费、机械费、综合费用组成。

$$人工费＝人工工日消耗量×人工工日单价　(2-21)$$

$$材料费＝\sum(材料消耗量×材料单价)$$

$$机械费＝\sum(机械台班消耗量×机械台班单价)$$

$$预算定额综合单价＝人工费＋机械费＋材料费＋综合费用$$

(5)编制定额项目表、拟定有关说明。定额项目表的一般格式是横向排列各分项工程的项目名称，竖向排列分项工程的人工、材料、机械台班的消耗量。有的项目表下方还有附注，说明设计有特殊要求时，如何进行调整换算。

2.8　市政工程预算定额的应用

1. 预算定额的组成

《辽宁省市政工程预算定额》(2017 版)共计 11 册：第一册《土石方工程》、第二册《道路工程》、第三册《桥涵工程》、第四册《隧道工程》、第五册《市政管网工程》(上册、下册)、第六册《水处理工程》、第七册《生活垃圾及处理工程》、第八册《路灯工程》、第九册《钢筋工程》、第十册《拆除工程》、第十一册《措施项目》。

2. 预算定额的基本内容

预算定额一般由目录，总说明，册、章说明，定额项目表，分部分项工程表头说明，定额附录组成。

(1)目录。目录主要用于查找，将总说明、各类工程的分部分项定额顺序列出并注明页数。

(2)总说明。总说明综合说明了定额的编制原则、指导思想、编制依据、适用范围及定额的作用，定额中人工、材料、机械台班用量的编制方法，定额采用的材料规格指标与允许换算的原则，使用定额时必须遵守的规则，定额在编制时已经考虑和没有考虑的因素，以及有关规定、使用方法。

(3)工程量计算规则。工程量计算规则是计算工程量的重要依据。它规定了增加、扣减的数据和内容。

(4)定额正文。定额正文是主要内容，由工作内容、项目名称、计量单位、定额编号、工料机消耗量、综合单价等要素构成。

1)工作内容。工作内容是说明完成本节定额的主要施工过程。

2)项目名称。项目名称是按照构配件划分的，常用的和经济价值大的项目划分得细些，一般的项目划分得粗些，见表 2-1。

表 2-1　二十、石灰、炉渣基层

1. 人工拌和

工作内容：放线、运料、上料、铺石灰、焖水、配料拌和、找平、碾压、人工处理碾压不到之处、清除杂物。

计量单位：100 m²

清单编号			022001	022002	022003	022004
定额额号			2-322	2-323	2-324	2-325
项目			石灰：炉渣			
			2.5：7.5		3：7	
			厚度/cm			
			20	每增减1	20	每增减1
综合单价/元			3 914.26	186.91	4 382.76	209.02
其中	人工费/元		877.64	38.72	1 078.36	46.68
	材料费/元		2 745.21	136.89	2 964.19	149.13
	机械费/元		65.15	1.62	65.65	1.62
	综合费用/元		226.26	9.68	274.56	11.59
名称		单位	消耗量			
人工	合计工日	工日	8.910	0.393	10.949	0.473
材料	生石灰	t	6.440	0.320	7.730	0.390
	炉渣	m³	24.160	1.210	22.550	1.130
	水	m³	4.010	0.200	3.890	0.190
	其他材料费	元	40.57	2.02	43.81	2.20
机械	钢轮内燃压路机12 t	台班	0.063	0.002	0.038	0.002
	钢轮内燃压路机15 t	台班	0.055	0.001	0.077	0.001

3）计量单位。每一分项工程都有一定的计量单位，预算定额的计量单位是根据分项工程的形体特征、变化规律或结构组合等情况选择确定的。一般来说，当产品的长、宽、高三个度量都发生变化时，采用 m 或 t 为计量单位；当两个度量不固定时，采用 m³ 为计量单位；当产品的截面大小基本固定时，则用 m 为计量单位；当产品采用上述三种计量单位都不适宜时，则分别采用个、座等自然计量单位。为了避免出现过多的小数位数，定额常采用扩大计量单位，如 10 m³、100 m³ 等。

4）定额编号。定额编号是指定额的序号，其目的是便于检查使用定额时项目套用是否正确合理，起减少差错、提高管理水平的作用。定额手册均用规定的编号方法——二符号编号。第一个号码表示属定额第几册；第二个号码表示该册中子目的序号。两个号码均用阿拉伯数字表示。

例如：人工挖土方 4 m 深三类土，定额子目编号 1-4；水泥混凝土路面塑料膜养护，定额子目编号 2-458。

5）消耗量。消耗量是指完成每一分项产品所需耗用的人工、材料、机械台班消耗的标准。其中，人工定额不分工种、等级，列合计工数。材料的消耗量定额列有原材料、成品、半成品的消耗量。机械定额有单种机械和综合机械两种表现形式。单种机械的单价是一种机械的单价；综合机械的单价是几种机械的综合单价。定额中的次要材料和次要机械用其他材料费和其他机械费表示。

6)综合单价。《辽宁省市政工程预算定额》(2017版)是以综合单价的形式表现的，其内容包括人工费、材料费、机械费、管理费和利润。

$$人工费＝人工工日消耗量×人工工日单价 \tag{2-22}$$

$$材料费＝\sum(材料消耗量×材料单价)$$

$$机械费＝\sum(机械台班消耗量×机械台班单价)$$

$$预算定额综合单价＝人工费＋机械费＋材料费＋综合费用$$

3. 预算定额的查阅

(1)按分部定额→节→定额表→项目的顺序找到所需项目名称，并从上向下目视。

(2)在定额表中找出所需人工、材料、机械名称，并自左向右目视。

(3)两视线交点的数量，即所查数值。

4. 预算定额的应用

预算定额的应用主要包括预算定额的套用、换算和补充。

(1)预算定额的套用。套用预算定额包括直接使用定额中的人工、材料、机械台班用量，人工费、材料费、机械费及综合单价。

在套用预算定额时，应根据施工图或标准图及相关设计说明，选择预算定额项目；对每个分项工程的工作内容、技术特征、施工方法等进行核对，确定与之相对应的预算定额项目。

预算定额的套用方式主要有直接套用、合并套用和换算套用三种。

1)直接套用。当分项工程的设计内容与预算定额的项目工作内容完全一致时，可以直接套用定额；当分项工程的设计内容与预算定额的项目工作内容不一致时，如定额规定不允许换算和调整的，也应直接套用定额。

[例2-3] 人工挖一、二类土方，深为6 m，共1 000 m³，试确定套用的定额子目编号、综合单价、人工工日消耗量及所需人工工日的数量。

[解] 选用《辽宁省市政工程预算定额》(2017版)，人工挖土方套用的定额子目编号为1-3，见表2-2。定额计量单位为100 m³。

$$综合单价＝2 650.61(元/100 \text{ m}^3)$$

$$人工工日消耗量＝29.530(工日/100 \text{ m}^3)$$

$$工程数量＝1 000/100＝10(100 \text{ m}^3)$$

$$所需人工工日数量＝10×29.530＝295.30(工日)$$

表2-2 一、人工挖一般土方

工作内容：挖土，弃土于1 m以外自然堆放，修整边底。 计量单位：100 m³

清单编号	001001	001002	001003
定额额号	1-1	1-2	1-3
项目	一、二类土，深度在(m以内)		
	2	4	6
综合单价/元	1 991.69	2 294.26	2 650.61

清单编号		001001	001002	001003
定额额号		1-1	1-2	1-3
其中	人工费/元	1 886.07	2 172.60	2 510.05
	材料费/元	—	—	—
	机械费/元	—	—	—
	综合费用/元	105.62	121.66	140.56
名称	单位	消耗量		
人工 合计工日	工日	22.189	25.560	29.530

2)合并套用。当分项工程的设计内容与预算定额的两个及两个以上项目的总工作内容完全一致时,可以合并套用定额。

[例2-4] 人工运土方,运距为40 m,试确定套用的定额子目编号、综合单价及人工工日消耗量。

[解] 套用的定额子目编号:1-47和1-48,见表2-3。

$$基价=533+115=648(元/100\ m)$$
$$人工工日消耗量=13.320+2.880=16.200(工日/100\ m^2)$$

表2-3 九、人工运土方、淤泥及流砂
1. 人工运土方

工作内容:放线、运土、卸土、清理道路、铺、拆走道板。   计量单位:100 m³

清单编号		009001	009002	009003	009004
定额额号		1-47	1-48	1-49	1-50
项目		人工运土		人力车运土方	
		运距20 m内	200 m内每增加20 m	运距50 m内	500 m内每增加50 m
综合单价/元		1 351.70	279.15	1 229.98	296.93
其中	人工费/元	1 280.02	264.35	1 164.76	281.18
	材料费/元	—	—	—	—
	机械费/元	—	—	—	—
	综合费用/元	71.68	14.80	65.22	15.75
名称	单位	消耗量			
人工 合计工日	工日	15.059	3.110	13.703	3.308

3)换算套用。当分项工程的设计内容与预算定额的项目工作内容不完全一致时,不能直接使用定额,而定额规定允许换算和调整时,可以按照预算定额规定的范围、内容、方法进行调整换算。经过换算的定额项目,应在其定额子目编号后加注"换"或加注"H",以示区别。

(2)预算定额的换算。预算定额的换算主要有系数换算、强度换算、材料换算、厚度换算等。

1)系数换算。系数换算是根据预算定额的说明(总说明、章说明等)、定额附注规定,对定额基价或其中的人工消耗量、材料消耗量、机械消耗量乘以规定的换算系数,从而得到新的定额价格。

[例2-5]　人工挖沟槽土方，三类湿土，深为 2 m。试确定套用的定额子目、综合单价及人工工日消耗量。

[解]　根据《辽宁省市政工程预算定额》(2017 版)第一册第一章土石方工程的章说明第五条：挖运湿土时，人工消耗量应乘以系数 1.18，定额套用时需进行换算。

人工挖沟槽湿土(三类土、挖深 2 m 内)套用定额子目：1-13H，见表 2-4。

调整后的人工工日消耗量＝37.410×1.18＝44.144(工日)

换算后的综合单价＝3 357.92×1.18＝3 962.346(元/100 m)

表 2-4　二、人工挖沟槽土方

工作内容：挖土，弃土于槽、坑边 1 m 以外自然堆放，修整边底。　　　　　　　　计量单位：100 m³

清单编号		002004	002005	002006
定额额号		1-13	1-14	1-15
项目		三类土，深度在(m 以内)		
		2	4	6
综合单价/元		3 357.92	3 852.32	4 432.52
其中	人工费/元	3 179.85	3 648.03	4 197.47
	材料费/元	—	—	—
	机械费/元	—	—	—
	综合费用/元	178.07	204.29	235.05
名称	单位	消耗量		
人工　合计工日	工日	37.410	42.918	49.382

2)强度换算。当预算定额项目中混凝土或砂浆的强度等级与施工图设计要求不同时，定额规定可以换算。

换算时，先查找两种不同强度等级的混凝土或砂浆的预算单价并计算出其价差，再查找定额中该分项工程的定额基价及混凝土或砂浆的定额消耗量，最后进行调整，计算出换算后的定额基价。

换算后的价格＝原定额价格＋(换入单价－换出单价)×混凝土或砂浆的定额消耗量　　(2-23)

[例2-6]　某砖砌拱圈，采用 M15 预拌水泥砂浆砌筑，试确定套用的定额子目、综合单价。其中，M10 水泥砂浆单价＝174.77 元/m³，M15 水泥砂浆单价＝187.42 元/m³。

[解]　定额子目：3-532H，见表 2-5。定额中用 M10 水泥砂浆，而设计要求用 M15 水泥砂浆。

水泥砂浆的定额消耗量＝2.46(m³)

换算后的综合单价＝4 861.10＋(187.42－174.77)×2.46＝4 892.22(元/10 m³)

表 2-5　三、砖砌体

工作内容：砌砖；勾缝；湿治养护等。　　　　　　　　　　　　　　　　计量单位：10 m³

清单编号	004001	004002	004003	004004	004005
定额编号	3-528	3-529	3-530	3-531	3-532
项目	砖砌体				
	基础、护拱	墩、台、墙	栏杆	帽石、缘石	拱圈

清单编号		004001	004002	004003	004004	004005
定额编号		3-528	3-529	3-530	3-531	3-532
综合单价/元		3 935.77	4 397.20	4 559.62	3 875.16	4 861.10
其中	人工费/元	1 172.43	1 373.30	1 665.04	1 066.11	1 576.43
	材料费/元	2 547.13	2 566.12	2 596.92	2 608.69	2 727.52
	机械费/元	24.68	205.22	26.94	25.68	262.86
	综合费用/元	191.53	252.56	270.72	174.68	294.29
名称	单位	消耗量				
人工 合计工日	工日	9.342	12.260	16.904	9.519	14.951
材料 标准砖240×115×53	千块	5.310	5.310	5.310	5.310	5.310
预拌混合砂浆 M10	m³	2.400	2.421	2.421	2.490	2.460
板枋材	m³	—	—	—	—	0.100
圆钉	kg	—	—	—	—	1.000
水	m³	3.500	7.500	15.500	15.500	22.500
机械 干混砂浆罐式搅拌机	台班	0.098	0.099	0.107	0.102	0.101
履带式起重机15 t	台班	—	0.243	—	—	0.320

[例 2-7] 某排水管道的钢筋混凝土平基，采用现浇现拌 C20(C40)混凝土，试确定套用的定额子目、综合单价。

[解] 定额子目：5-743H，见表2-6。定额中用现浇现拌 C15(C40)混凝土，而设计要求用现浇现拌 C20(C40)混凝土。

$$C15(C40)混凝土单价=183.25(元/m^3)$$
$$C20(C40)混凝土单价=192.94(元/m)$$
$$C15(C40)混凝土的定额消耗量=10.150(m^3)$$

$$换算后的综合单价=2\,843+(192.94-183.25)\times10.150=2\,942(元/100\ m)$$

表 2-6 管道基础

(1)平基

工作内容：清底、混凝土浇筑、捣固、抹平、养生、材料场内运输。　　　　　　计量单位：10 m³

清单编号		013018	013019	013020
定额额号		5-741	5-742	5-743
项目		混凝土平基		
		毛石混凝土	混凝土	钢筋混凝土
综合单价/元		3 313.85	3 752.15	3 878.35
其中	人工费/元	713.85	633.95	742.77
	材料费/元	2 485.78	3 016.76	3 016.73
	机械费/元	—	—	—
	综合费用/元	114.22	101.44	118.85
名称	单位	消耗量		
人工 合计工日		7.594	6.744	7.902

清单编号			013018	013019	013020
定额额号			5-741	5-742	5-743
材料	塑料薄膜	m²	29.026	29.026	29.026
	毛石综合	m³	2.754	—	—
	水	m³	1.187	1.640	1.640
	电	kW·h	5.676	7.642 0	7.600
	预拌混凝土 C15	m³	7.613	10.100	10.100
	其他材料费	元	36.74	44.58	44.58

3)材料换算。当预算定额项目中材料规格、品种与施工图设计要求不同时，定额规定可以换算。换算时，先查找两种不同规格、品种的材料单价并计算出其价差，再查找定额中该分项工程的综合单价及该材料的定额消耗量，最后进行调整，计算出换算后的综合单价。

换算后的综合单价＝原定额综合单价＋(换入单价－换出单价)×材料的定额消耗量　　(2-24)

[例 2-8]　某道路工程采用花岗岩人行道板，下铺 3 cm M15 水泥砂浆卧底，采购中天然石材饰面板单价为 138 元/m²，试确定人行道板铺设套用的定额子目、综合单价。

[解]　定额子目：2-515H，见表 2-7。根据定额附录材料预算价格取费表得到定额中采用的人行道板单价为 128 元/m²。

$$人行道板的定额消耗量＝102.000(m²)$$

$$换算后综合单价＝1 6136.01＋(138－128)×102.000＝17 156.01(元/100 m²)$$

表 2-7　6. 花岗岩人行道板

工作内容：清理基层、找平、局部锯板磨边、调制水泥砂浆、帖花岗岩、撒素水泥浆、净面等。

计量单位：100 m²

清单编号			002030	002031	002032	002033	002034
定额编号			2-515	2-516	2-517	2-518	2-519
项目			砂浆垫层				
			规格/cm				
			60×60×3	60×60×5	60×60×8	60×60×10	60×60×12
其中	综合单价/元		16 136.01	16 539.22	17 092.77	17 727.54	18 159.04
	人工费/元		1 798.63	2 123.80	2 570.21	3 082.12	3 430.11
	材料费/元		1 3870.74	1 3870.74	13 870.74	13 870.74	13 870.74
	机械费/元		28.20	28.20	28.20	28.20	28.20
	综合费用/元		438.44	516.48	623.62	746.48	829.99
	名称	单位	消耗量				
人工	合计工日	工日	15.439	18.230	22.062	26.456	29.443
材料	天然石材饰面板	m²	102.000	102.000	102.000	102.000	102.000
	预拌地面砂浆(干拌)DSMI5	m³	3.075	3.075	3.075	3.075	3.075
	素水泥浆	m³	0.100	0.100	0.100	0.100	0.100
	水	m³	0.784	0.784	0.784	0.784	0.784
	其他材料费	元	204.99	204.99	204.99	204.99	204.99
机械	干混砂浆罐式搅拌机	台班	0.112	0.112	0.112	0.112	0.112

4)厚度换算。当预算定额项目中的厚度与施工图设计要求不同时，可以依据预算定额的说明或附注进行调整换算，并计算出换算后的综合单价。

📖 **特别提示**

当预算定额项目中的厚度与施工图设计要求不同时，也可以采用内插法进行换算套用，如道路底基层的设计厚度与定额不同时，可以采用内插法进行定额基价的调整换算。

当预算定额项目中的厚度与施工图设计要求不同时，也可以利用每增（减）子目进行定额基价的调整换算。

5)其他换算。

[例2-9]　陆上柴油打桩机打圆木桩（斜桩），三类土，桩长为5 m。计算综合单价。

[解]　定额子目：11-365H，见表2-8。

根据《辽宁省市政工程预算定额》(2017版)第十一册第八章说明：打拔工具桩均以直桩为准，如遇打斜桩按相应项目人工、机械乘以系数1.35。

换算后的综合单价＝5 889.24＋(1 421.28＋480.28)×(1.35－1)＝6 554.79(元/100 m³)

表2-8　四、陆上柴油打桩机打圆木桩

工作内容：准备工作，木桩制作(加靴)，打桩，桩架调面，移动，打拔缆风桩，埋、拆地垄，清场、整堆。

计量单位：10 m³

	清单编号		004001	004002	004003	004004
	定额编号		11-364	11-365	11-366	11-367
	项目		打5 m以内		打8 m以内	
			一、二类土	三类土	一、二类土	三类土
	综合单价/元		4 328.55	5 889.24	3 437.58	4 704.63
其中	人工费/元		1 925.68	2 390.89	1 421.28	1 769.08
	材料费/元		1 303.64	2 059.80	1 231.77	1 893.29
	机械费/元		682.00	910.35	480.28	654.49
	综合费用/元		417.23	528.20	304.25	387.77
	名称	单位	消耗量			
人工	合计工日	工日	20.486	25.434	15.120	18.819
材料	原木	m³	0.702	1.053	0.702	1.053
	板枋材	m³	0.028	0.028	0.014	0.014
	桩靴	kg	—	34.970	—	17.430
	其他材料费	元	133.20	138.88	74.42	74.92
机械	轨道式柴油打桩机0.8 t	台班	1.562	2.085	1.100	1.499

2.9 概算定额

2.9.1 概算定额的概念

概算定额是在预算定额的基础上，确定完成合格的单位扩大分部分项工程或扩大结构构件所需消耗的人工、材料、机械台班的数量标准，概算定额又称为扩大结构定额。

2.9.2 概算定额与预算定额的区别和联系

(1)概算定额是预算定额的综合与扩大。概算定额将预算定额中有一定联系的若干分项工程定额子目进行合并、扩大，综合为一个概算定额子目。

如"现浇钢筋混凝土柱"概算项目，除包括柱的混凝土浇筑这个预算定额的分项工程内容外，还包括柱模板的制作、安装、拆除，钢筋的制作安装，以及抹灰、砂浆等预算定额的分项工程内容。

(2)概算定额与预算定额在编排次序、内容形式、基本使用方法上是相近的。两者都以建(构)筑物的结构部分和分部分项工程为单位表示，内容也包括人工、材料、机械使用量三个基本部分。

2.9.3 概算定额的作用

(1)概算定额是初步设计阶段编制设计概算、扩大初步设计阶段编制修正设计概算的主要依据。

(2)概算定额是对设计项目进行技术经济分析比较的基础资料之一。

(3)概算定额是建设工程项目编制主要材料计划的依据。

(4)概算定额是编制概算指标的依据。

2.9.4 概算定额的编制原则

(1)应贯彻社会平均水平的原则，并应符合价值规律、反映现阶段的社会生产力平均水平。概算定额与预算定额水平之间应保留必要的幅度差，并应留有5%的定额水差，以使得设计概算能真正地起到控制施工图预算的作用。

(2)应有一定的深度且简明适用。概算定额的项目划分应简明、齐全、便于计算，概算定额结构形式务必简化、准确、适用。

(3)应保证其严密性、准确性。概算定额的内容和深度是以预算定额为基础的综合和扩大，在合并中不得遗漏或增减项目，以保证其严密性和准确性。

2.9.5 概算定额的编制步骤

(1)准备阶段。准备阶段的主要工作是确定编制机构和人员组成；进行调查研究，了解现行概算定额执行情况和存在的问题；明确编制的目的；制订编制方案；确定概算定额的项目。

(2)编制初稿阶段。编制初稿阶段的主要工作是根据已经确定的编制方案和概算定额的项目，收集和整理各种编制依据，对各种资料进行深入细致的测算和分析，确定人工、材料、机械台班的消耗量指标，编制概算定额初稿。

（3）审查定稿阶段。审查定稿阶段的主要工作是测算概算定额的水平，包括测算现编概算定额与原概算定额及现行预算定额之间的定额水平差，概算定额水平与预算定额水平之间应有5%以内的幅度差。

测算的方法既要分项进行测算，又要以单位工程为对象进行测算。概算定额经测算比较后，可报送国家授权机关审批。

2.9.6 概算定额的组成内容

概算定额的内容基本上由文字说明、定额项目表和附录三部分组成。

（1）文字说明。文字说明包括总说明和分部工程说明。总说明主要阐述概算定额的编制依据、使用范围、包括的内容和作用、应遵守的规则等；分部工程说明主要阐述分部工程包括的综合工作内容及分部工程的工程量计算规则等。

（2）定额项目表。定额项目表由若干分节定额组成，是概算定额的主要内容。各节定额由工程内容、定额表、附注说明组成。定额表中列有定额编号、计量单位、概算基价、人工、材料、机械台班的消耗量指标。

（3）附录。附录包括各种附表，如土类分级表等。

2.10 企业定额

2.10.1 企业定额的概念

企业定额是指建筑安装企业根据本企业的技术水平和管理水平，自行编制确定的完成单位合格产品所需的人工、材料、机械台班及其他生产经营要素消耗的数量标准。

企业定额是建筑安装企业的生产力水平的反映，只限于本企业内部使用，是供企业内部进行经营管理、成本核算和投标报价的文件。

2.10.2 企业定额的作用

（1）企业定额是施工企业进行工程投标、编制工程投标报价的依据。

（2）企业定额是编制施工预算、加强企业成本管理的基础。

（3）企业定额是企业计划管理和编制施工组织设计的依据。

（4）企业定额是计算劳动报酬、实行按劳分配的依据，也是企业激励工人的条件。

（5）企业定额是推广先进技术的必要手段。

（6）企业定额是编制预算定额和补充单位估价表的基础。

2.10.3 企业定额的编制原则

1. 平均先进原则

企业定额应以平均先进水平为基准编制企业定额。

平均先进水平是在正常的施工条件下，经过努力可以达到或超出的平均水平。平均先进性考虑了先进企业、先进生产者达到的水平，特别是实践证明行之有效的改革施工工艺、改革操作方法、合理配备劳动组织等方面所取得的技术成果，以及综合确定的平均先进数值。

2. 简明适用性原则

企业定额结构要合理，定额步距大小要适当，文字要通俗易懂，计算方法要简便，易于掌握运用，具有广泛的适用性，能在较大范围内满足各种需要。

3. 独立自主编制原则

企业应自主确定定额水平，自主划分定额项目，根据需要自主确定新增定额项目，同时要注意对国家、地区及有关部门编制的定额的继承性。

4. 动态管理原则

企业定额是一定时期内企业生产力水平的反映，在一段时间内是相对稳定的，但这种稳定有时效性，当其不再适应市场竞争时，就需要重新进行修订。

2.10.4 企业定额的编制步骤

1. 制订《企业定额编制计划书》

《企业定额编制计划书》一般包含以下内容：

(1)企业定额编制的目的。企业定额编制的目的一定要明确，其编制目的决定了企业定额的适用性，同时，也决定了定额的表现形式。例如，企业定额的编制是为了控制工耗和计算工人劳动报酬，所以应采取劳动定额的形式；如果是为了企业进行工程成本核算，以及为企业走向市场、参与投标报价提供依据，则应采用施工定额或定额估价表的形式。

(2)企业定额水平的确定原则。企业定额水平的确定，是企业定额能否实现编制目的的关键。如果定额水平过高，背离企业现有水平，使定额在实施过程中，企业内多数施工队、班组、工人通过努力仍然达不到定额水平，则不仅不利于定额在本企业内推行，还会影响管理者和劳动者双方的积极性；如果定额水平过低，不但起不到鼓励先进和督促落后的作用，而且也不利于对项目成本进行核算和企业参与市场竞争。因此，在编制计划书时，必须合理确定定额水平。

(3)确定编制方法和定额形式。定额的编制方法很多，对不同形式的定额其编制方法也不同。例如，劳动定额的编制方法有技术测定法、统计分析法、类比推算法、经验估算法等；材料消耗定额的编制方法有观察法、试验法、统计法等。因此，定额编制究竟采取哪种方法应根据具体情况而定。企业定额编制通常采用的方法有定额测算法和方案测算法两种。

(4)成立企业定额编制机构。企业定额的编制工作是一个系统工程，需要一批高素质的专业人才在一个高效率的组织机构统一指挥下协调工作。因此，在定额编制工作开始时，必须设置一个专门的机构，配置一批专业人员。

(5)明确应搜集的数据和资料。定额在编制时需要搜集大量的基础数据和各种法律、法规、标准、规程、规范文件、规定等，这些资料都是定额编制的依据。所以，在编制计划书时，要制订一份按门类划分的资料明细表。在明细表中，除一些必须采用的法律、法规、标准、规程、规范资料外，应根据企业自身的特点，选择一些能够适合本企业使用的基础性数据资料。

（6）确定编制期限和进度计划。定额是有时效性的，所以应确定一个合理的编制期限和进度计划，既有利于编制工作的开展，又能保证编制工作的效率。

2. 搜集资料，进行分析、测算和研究

搜集的资料应包括以下方面：

（1）现行定额，包括基础定额和预算定额。

（2）国家现行的法律、法规、经济政策和劳动制度等与工程建设有关的各种文件。

（3）有关建筑安装工程的设计规范、施工及验收规范、工程质量检验评定标准和安全操作规程。

（4）现行的全国通用建筑标准设计图集、安装工程标准图集、定型设计图纸、有代表性的设计图纸、地方建筑配件通用图集和地方结构构件通用图集，并根据上述资料计算工程量，作为编制定额的依据。

（5）有关建筑安装工程的科学试验、技术测定和经济分析数据。

（6）高新技术、新型结构、新研制的建筑材料和新的施工方法等。

（7）现行人工工资标准和地方材料预算价格。

（8）现行机械效率、寿命周期和价格，以及机械台班租赁价格行情。

（9）本企业近几年各工程项目的财务报表、公司财务总报表，以及历年搜集的各类经济数据。

（10）本企业近几年各工程项目的施工组织设计、施工方案，以及工程结算资料。

（11）本企业近几年发布的合理化建议和技术成果。

（12）本企业目前拥有的机械设备状况和材料库存状况。

（13）本企业目前工人技术素质、构成比例、家庭状况和收入水平。

资料搜集后，要对上述资料进行分类整理、分析、对比、研究和综合测算，提取可供使用的各种技术数据。其内容包括：企业整体水平与定额水平的差异，现行法律、法规及规程、规范对定额的影响，新材料、新技术对定额水平的影响等。

3. 拟订编制企业定额的工作方案与计划

（1）根据编制目的，确定企业定额的内容及专业划分。

（2）确定企业定额的册、章、节的划分和内容框架。

（3）确定企业定额的结构形式及步距划分原则。

（4）具体参编人员的工作内容、职责、要求。

4. 企业定额初稿的编制

（1）确定企业定额的项目及其内容。企业定额项目及其内容的编制就是根据定额的编制目的及企业自身的特点，本着内容简明适用、形式结构合理、步距划分合理的原则，首先将一个单位工程按工程性质划分为若干个分部工程，如市政道路专业的路基处理、道路基层、道路面层、人行道及其他等。然后将分部工程划分为若干个分项工程，如道路基层可分为石灰粉煤灰土基层、石灰粉煤灰碎石基层、粉煤灰三渣基层、水泥稳定碎石基层、塘渣底层、碎石底层等分项工程。最后确定分项工程的步距，根据步距将分项工程进一步详细划分为具体项目。步距参数的设定一定要合理，既不宜过粗，也不宜过细。同时，应对分项工程的工作内容进行简明扼要的说明。

（2）确定企业定额的计量单位。分项工程计量单位的确定一定要合理，应根据分项工程的特点，本着准确、贴切、方便计量的原则设置。

（3）确定企业定额指标。确定企业定额指标是企业定额编制的重点和难点。企业定额指标的编制，应根据企业采用的施工方法、新材料的替代及机械设备的装备和管理模式，结合搜集整理的各类基础资料进行确定。确定企业定额指标包括确定人工消耗指标、确定材料消耗指标、确定机械台班消耗指标等。

（4）编制企业定额项目表。定额项目表是企业定额的主体部分，由表头和人工栏、材料栏、机械栏组成。表头部分表述各分项工程的结构形式、材料规格、施工做法等；人工栏是以工种表示的消耗工日数及合计；材料栏是按消耗的主要材料和辅助材料依主次顺序分列出的消耗量；机械栏是按机械种类和规格型号分列出的机械台班耗用量。

（5）企业定额的项目编排。在定额项目表中，大部分是以分部工程为章，将单位工程中性质相近、材料大致相同的施工对象编排在一起。每章再根据工程内容、施工方法和使用的材料类别的不同，分成若干个节（即分项工程）。在每节中，根据施工要求、材料类别和机械设备型号的不同，细分成不同子目。

（6）企业定额相关项目说明的编制。企业定额相关的项目说明包括前言、总说明、目录、分部（或分章）说明、工程量计算规则、分项工程工作内容等。

（7）企业定额估价表的编制。企业根据投标报价工作的需要，可以编制企业定额估价表。企业定额估价表是在人工、材料、机械台班三项消耗量的企业定额的基础上，用货币形式表达每个分项工程及其子目的定额单位估价计算表格。

企业定额估价表的人工、材料、机械台班单价是通过市场调查，结合国家有关法律文件及规定，按照企业自身的特点来确定的。

5. 评审、修改及组织实施企业定额

通过对比分析、专家论证等方法，对企业定额的水平、适用范围、结构和内容的合理性，以及存在的缺陷进行综合评估，并根据评审结果对企业定额进行修正，最后定稿、刊发并组织实施。

➤ 习题

1. 什么是定额？

2. 按定额反映的生产因素，建设工程定额可以分为哪几种？

3. 什么是施工定额？什么是劳动定额？它的表现形式可以分为哪两种？

4. 什么是预算定额？预算定额与施工定额有什么区别？

5. 根据《辽宁省市政工程预算定额》（2017 版），试确定 11—291 定额子目中人工的消耗量、轻型井点井管 $\phi40$ 和胶管 $\phi50$ 的消耗量。

6. 土方挖湿土应该怎样套用定额？

7. 超过 4 m 的送桩，应该如何调整定额？

第二篇　市政工程定额计价模式下的计量与计价

第3章　工程单价

本章学习要点

1. 综合平均工作等级系数和工资标准计算方法；
2. 材料单价的费用构成、材料加权平均原价计算；
3. 机械台班单价费用构成；
4. 人工单价、材料单价、机械台班单价的编制方法。

引言

通过对综合平均工作等级系数和工资标准计算方法、材料单价的费用构成、材料加权平均原价计算、机械台班单价费用构成等人工单价、材料单价、机械台班单价编制知识点的学习，学生可以熟练掌握人工单价、材料单价、机械台班单价的编制方法和技能，为编制工程量清单报价的综合单价打好基础。

3.1　概述

原来预算定额只反映工料机消耗量指标，如果要反映货币量指标，就要另行编制单位估价表。但是现行的建筑工程预算定额多数都列出了定额子目的基价，具备了反映货币量指标的要求。因此，凡是含有定额基价的预算定额都具有了单位估价表的功能。为此，本书没有严格区分预算定额和单位估价表的概念。

预算定额综合单价由人工费、材料费、机械费、综合费用组成。其计算过程如下：

$$人工费＝人工工日消耗量×人工工日单价 \tag{3-1}$$
$$材料费＝\sum(材料消耗量×材料单价)$$
$$机械费＝\sum(机械台班消耗量×机械台班单价)$$
$$预算定额综合单价＝人工费＋机械费＋材料费＋综合费用$$

3.2 人工单价确定

人工单价一般包括基本工资、工资性补贴及有关保险费等。

传统的基本工资是根据工资标准计算的。现阶段企业的工资标准基本上由企业内部制定。为了从理论上理解基本工资的确定原理，就需要了解原工资标准的计算方法。

3.2.1 工资标准的确定

研究工资标准的主要目的是计算非整数等级的基本工资。

1. 工资标准的概念

工资标准是指国家规定的工人在单位时间内（日或月）按照不同的工资等级所取得的工资数额。

2. 工资等级

工资等级是按国家或企业有关规定，按劳动者的技术水平、熟练程度和工作责任大小等因素所划分的工资级别。

3. 工资等级系数

工资等级系数也称为工资级差系数，是某等级的工资标准与一级工工资标准的比值。例如，国家规定的建筑工人的工资等级系数 K 的计算公式为

$$K_n = (1.187)^{n-1} \tag{3-2}$$

式中　n——工资等级；

　　　K_n——n 级工资等级系数；

　　　1.187——工资等级系数的公比。

4. 工资标准的计算方法

计算工资标准的计算公式为

$$F_n = F_1 \times K_n \tag{3-3}$$

式中　F_n——n 级工工资标准；

　　　F_1——一级工工资标准；

　　　K_n——工资等级系数。

国家规定的某类工资区建筑工人工资标准及工资等级系数见表 3-1。

表 3-1　建筑工人工资标准及工资等级系数

工资等级	一	二	三	四	五	六	七
工资等级系数 K_n	1.000	1.187	1.409	1.672	1.985	2.358	2.800
级差%	—	18.7	18.7	18.7	18.7	18.7	18.7
月工资标准 F_n/(元·月$^{-1}$)	33.66	39.95	47.43	56.28	66.82	79.37	94.25

[例 3-1]　求建筑工人四级工的工资等级系数。

[解]　$K_4 = (1.187)^{4-1} = 1.672$

[例 3-2]　求建筑工人 4.6 级工的工资等级系数。

[解]　$K_{4.6} = (1.187)^{4.6-1} = 1.854$

[例 3-3]　已知某地区一级工月工资标准为 33.66 元，三级工的工资等级系数为 1.409，求三级工的工资标准。

[解]　$K_3 = 33.66 \times 1.409 = 47.43(元/月)$

[例 3-4]　已知某地区一级工的月工资标准为 33.66 元，求 4.8 级建筑工人的月工资标准。

[解]　(1)求工资等级系数：

$$K_{4.8} = (1.187)^{4.8-1} = 1.918$$

(2)求月工资标准：

$$F_{4.8} = 33.66 \times 1.918 = 64.56(元/月)$$

3.2.2　人工单价的计算

预算定额的人工单价包括综合平均工资等级的基本工资、工资性补贴、医疗保险费等。

1. 综合平均工资等级系数和工资标准的计算方法

计算工人小组的平均工资或平均工资等级系数，应采用综合平均工资等级系数的计算方法。其计算公式如下：

$$小组成员综合平均工资等级系数 = \frac{\sum_{i=1}^{n}(某工资等级系数 \times 同等级工人数)i}{小组成员总人数} \quad (3\text{-}4)$$

[例 3-5]　某砖工小组由 10 人组成，各等级的工人及工资等级系数如下，求综合平均工资等级系数和工资标准(已知 $F_1 = 33.66$ 元/月)。

二级工：1 人　　　工资等级系数：1.187

三级工：2 人　　　工资等级系数：1.409

四级工：2 人　　　工资等级系数：1.672

五级工：3 人　　　工资等级系数：1.985

六级工：1 人　　　工资等级系数：2.358

七级工：1 人　　　工资等级系数：2.800

[解]　(1)求综合平均工资等级系数。

$$砖工小组综合平均工资等级 = \frac{1.187 \times 1 + 1.409 \times 2 + 1.672 \times 2 + 1.985 \times 3 + 2.358 \times 1 + 2.800 \times 1}{1 + 2 + 2 + 3 + 1 + 1}$$

$$= 1.846\ 2$$

(2)求综合平均工资标准。

$$砖工小组综合平均工资标准 = 33.66 \times 1.846\ 2 = 62.14(元/月)$$

2. 计算方法

预算定额人工单价的计算公式为

$$人工单价 = \frac{基本工资 + 工资性补贴 + 保险费}{月平均工作天数} \quad (3\text{-}5)$$

式中，基本工资是指规定的月工资标准；工资性补贴包括流动施工补贴、交通费补贴、附加工资等；保险费包括医疗保险、失业保险费等。

[**例 3-6**] 已知砌砖工人小组综合平均月工资标准为 291 元，月工资性补贴为 180 元，月保险费为 52 元，求人工单价。

[**解**]
$$月平均工作天数=\frac{365-52\times2-10}{12}=20.92（天）$$

$$人工单价=\frac{291+180+52}{20.92}=25（元/日）$$

3.2.3 预算定额基价的人工费计算

预算定额基价中的人工费按以下公式计算：

$$预算定额基价人工费=定额用工量\times人工单价$$

[**例 3-7**] 某预算定额砌 10 m³ 砖基础的综合用工为 12.18 工日/10 m³，人工单价为 25 元/工日，求该定额项目的人工费。

[**解**] 砌 10 m³ 砖基础的定额人工费＝12.18×25＝304.5（元/10 m³）

3.3 材料单价确定

材料单价类似于以前的材料预算价格，但是随着工程承包计价的发展，原来材料预算价格的概念已经包含不了更多的含义。

3.3.1 材料单价的概念

材料单价是指材料从采购时起至运到工地仓库或堆放场地后的出库价格。

材料从采购、运输到保管，在使用前所发生的全部费用构成了材料单价。

3.3.2 材料单价的费用构成

按照材料采购和供应方式的不同，其构成材料单价的费用也不同，一般有以下三种。

1. 材料供货到工地现场

当材料供应商将材料送到施工现场时，材料单价由材料原价、采购保管费构成。

2. 到供货地点采购材料

当需要派人到供货地点采购材料时，材料单价由材料原价、运杂费、采购保管费构成。

3. 需要二次加工的材料

当某些材料采购回来后，还需要进一步加工时，材料单价除上述费用外还包括二次加工费。

综上所述，材料单价包括材料原价、运杂费、采购及保管费和二次加工费。

3.3.3 材料原价计算

材料原价是指付给材料供应商的材料单价。当某种材料有两个或两个以上的材料供应商供货且材料原价不同时，要计算加权平均材料原价。加权平均材料原价的计算公式为

$$加权平均材料原价 = \frac{\sum\limits_{i=1}^{n}(材料原价 \times 材料数量)i}{\sum\limits_{i=1}^{n}(材料数量)i} \tag{3-6}$$

注：1. 式中 i 是指不同材料供应商。

　　2. 包装费和手续费均已包含在材料原价中。

[例3-8]　某工地所需的墙面面砖由三个材料供应商供货，其数量和原价见表3-2，试计算墙面砖的加权平均原价。

表3-2　供货数量和原价

供应商	墙面砖数量/m^2	供货单价/(元·m^{-3})
甲	250	32.00
乙	680	31.50
丙	900	31.20

[解]　墙面砖加权平均原价 $= \dfrac{32.00 \times 250 + 31.50 \times 680 + 31.20 \times 900}{250 + 680 + 900} = 31.42$（元/$m^2$）

3.3.4　材料运杂费计算

材料运杂费是指在采购材料后运回工地仓库发生的各项费用。其包括装卸费、运输费和合理的运输损耗费等。

材料装卸费按行业标准支付。

材料运输费按运输价格计算，若供货来源地不同且供货数量不同，需要计算加权平均运输费。其计算公式为

$$加权平均运输费 = \frac{\sum\limits_{i=1}^{n}(运输原价 \times 材料数量)i}{\sum\limits_{i=1}^{n}(材料数量)i} \tag{3-7}$$

材料运输损耗费是指在运输和装卸材料过程中不可避免产生的损耗所发生的费用。一般按下列公式计算

$$材料运输损耗费 = (材料原价 + 装卸费 + 运输费) \times 运输损耗率 \tag{3-8}$$

[例3-9]　例3-8墙面砖由三个供应地点供货。根据表3-3所示的资料计算墙面砖运杂费。

表3-3　供货的各项费用

供应商	墙面砖数量/m^2	运输单价/(元·m^{-2})	装卸费/(元·m^{-2})	运输损耗率/%
甲	250	1.20	0.80	1.5
乙	680	1.80	0.95	1.5
丙	900	2.40	0.85	1.5

[解]　(1)计算加权平均装卸费。

$$墙面砖加权平均装卸费 = \frac{0.80 \times 250 + 0.95 \times 680 + 0.85 \times 900}{250 + 680 + 900} = 0.88（元/m^2）$$

（2）计算加权平均运输费。

$$墙面砖加权平均运输费 = \frac{1.20 \times 250 + 1.80 \times 680 + 2.40 \times 900}{250 + 680 + 900} = 2.01(元/m^2)$$

（3）计算运输损耗费。

$$墙面砖运输损耗费 = (31.42 + 0.88 + 2.01) \times 1.5\%$$
$$= 34.31 \times 1.5\% = 0.51(元/m^2)$$

（4）计算运杂费。

$$墙面砖运杂费 = 0.88 + 2.01 + 0.51 = 3.40(元/m^2)$$

3.3.5 材料采购及保管费计算

材料采购及保管费是指施工企业在组织采购材料和保管材料过程中发生的各项费用。其包括采购人员的工资、差旅交通费、通信费、业务费、仓库保管的各项费用等。采购及保管费一般按前面各项费用之和乘以一定的费率计算，通常取2%左右。其计算公式为

$$材料采购及保管费 = (材料原价 + 运杂费) \times 采购及保管费费率 \tag{3-9}$$

[例3-10] 例3-9墙面砖的采购保管费费率为2%，根据前面计算结果计算墙面砖的采购及保管费。

[解] 墙面砖采购及保管费 $= (31.42 + 3.40) \times 2\% = 0.70(元/m^2)$

3.3.6 材料单价汇总

通过以上分析，可以知道，材料单价的计算公式为

材料单价 = （加权平均材料原价 + 加权平均材料运杂费）×（1 + 采购及保管费费率）(3-10)

[例3-11] 根据已经算出的结果，计算墙面砖的材料单价。

[解] 墙面砖材料单价 $= (31.42 + 3.40) \times (1 + 2\%) = 35.52(元/m^2)$

或

墙面砖材料单价 $= 31.42 + 3.40 + 0.70 = 35.52(元/m^2)$

3.4 机械台班单价确定

3.4.1 机械台班单价的概念

机械台班单价也称为施工机械台班单价，是指在单位工作台班中为使机械正常运转所分摊和支出的各项费用。

3.4.2 机械台班单价的费用构成

按现行规定，机械台班单价由七项费用构成。该费用按其性质划分为第一类费用和第二类费用。

1. 第一类费用

第一类费用也称为不变费用，是指属于分摊性质的费用。其包括折旧费、大修理费、

经常修理费、安拆费及场外运输费。

(1)折旧费。折旧费是指机械设备在规定的使用期限内(耐用总台班),陆续收回其原值及支付贷款利息等费用。其计算公式为

$$台班折旧费 = \frac{机械预算价格 \times (1 - 残值率) + 贷款利息}{耐用总台班} \qquad (3-11)$$

式中,若是国产运输机械,则

$$机械预算价格 = 销售价 \times (1 + 购置附加费) + 运杂费 \qquad (3-12)$$

[例3-12] 已知,6 t 载重汽车的销售价为 83 000 元,购置附加费费率为 10%,运杂费为 5 000 元,残值率为 2%,耐用总台班为 1 900 个,贷款利息为 4 650 元,试计算台班折旧费。

[解] (1)求 6 t 载重汽车预算价格。

6 t 载重汽车预算价格 = 83 000 × (1 + 10%) + 5 000 = 96 300(元)

(2)求 6 t 载重汽车台班折旧费。

$$6 t 载重汽车台班折旧费 = \frac{96\ 300 \times (1 - 2\%) + 4\ 650}{1\ 900}$$
$$= 52.12(元/台班)$$

(2)大修理费。大修理费是指机械设备按规定的大修理间隔台班进行大修理,以恢复正常使用功能所需支出的费用。其计算公式为

$$台班大修理费 = \frac{一次大修理费 \times (大修理周期 - 1)}{耐用总台班} \qquad (3-13)$$

[例3-13] 6 t 载重汽车一次大修理费为 9 900 元,大修理周期为 3 个,耐用总台班为 1 900 个,试计算台班大修理费。

[解] $6 t 载重汽车台班大修理费 = \frac{9\ 900 \times (3 - 1)}{1\ 900} = 10.42(元/台班)$

(3)经常修理费。经常修理费是指机械设备除大修理外的各级保养及临时故障所需支出的费用。其包括为保障机械正常运转所需替换设备、随机配置的工具、附具的摊销及维护费用。台班经常修理费可以用以下简化公式计算:

$$台班经常修理费 = 台班大修理费 \times 经常修理费系数 \qquad (3-14)$$

[例3-14] 经测算,6 t 载重汽车的台班经常修理费系数为 5.8,根据例 3-13 计算出的台班大修理费,计算台班经常修理费。

[解] 6 t 载重汽车台班经常修理费 = 10.42 × 5.8 = 60.44(元/台班)

(4)安拆费及场外运输费。

1)安拆费是指机械在施工现场进行安装、拆卸所需人工、材料、机械和试运转费用,以及机械辅助设施(如行走轨道、枕木等)的折旧、搭设、拆除等费用。

2)场外运输费是指机械整体或分体自停置地点运至施工现场或由一个工地运至另一个工地的运输、装卸、辅助材料及架线费用。其计算公式为

台班安拆费及场外运输费 =

$$台班辅助设施摊销费 + \frac{\begin{array}{c}机械一次安拆费 \times 年平均安拆次数 + (一次运输装卸费 + \\ 辅助材料一次摊销费 + 一次架线费) \times 年平均场外运输次数\end{array}}{年工作台班} \qquad (3-15)$$

2. 第二类费用

第二类费用也称为可变费用,是指属于支出性质的费用,包括燃料动力费、人工费、

· 42 ·

养路费及车船使用税。

（1）燃料动力费。燃料动力费是指机械设备在运转作业中所耗用的各种燃料、电力、风力、水等的费用。其计算公式为

$$台班燃料动力费＝每台班耗用的燃料或动力数量×燃料或动力单价$$

[例3-15] 6 t载重汽车每台班耗用柴油32.19，1 kg单价为6.88元，求台班燃料费。

[解] 6 t载重汽车台班燃料费＝32.19×6.88＝221.47（元/台班）

（2）人工费。人工费是指机上司机、司炉和其他操作人员的工作日工资。其计算公式为

$$台班人工费＝机上操作人员人工工日数×工日单价$$

[例3-16] 6 t载重汽车每个台班的机上操作人工工日数为1.25个，人工工日单价为100元，求台班人工费。

[解] 6 t载重汽车台班人工费＝1.25×100＝125（元/台班）

（3）养路费及车船使用税。养路费及车船使用税是指按国家规定缴纳的养路费和车船使用税。其计算公式为

$$台班养路费及车船使用税＝\frac{载重量或核定吨位×\{养路费[元/(t·月)]×12]＋车船使用税[元/(t·车)]\}}{年工作台班}＋保险费及年检费$$

(3-16)

$$保险费及年检费＝\frac{年保险费及年检费}{年工作台班}$$

(3-17)

[例3-17] 6 t载重汽车每月应缴纳养路费150元/t，每年应缴纳保险费900元，车船使用税50元/t，每年工作台班为240个，保险费及年检费共计2 000元，计算台班养路费及车船使用税。

[解] 6 t载重汽车养路费及车船使用税＝$\frac{6×(150×12＋50)＋900}{240}＋\frac{2\ 000}{240}＝\frac{14\ 000}{240}$

$$＝58.33（元/台班）$$

3.4.3 机械台班单价计算表

将上述6 t载重汽车台班单价的计算过程汇总在机械台班单价计算表内，见表3-4。

表3-4 机械台班单价计算表 台班

项目		6 t载重汽车		
		单位	金额	计算式
台班单价		元	527.78	122.98＋404.8＝527.78
第一类费用	折旧费	元	52.12	$\frac{96\ 300×(1－2\%)＋4\ 650}{1\ 900}＝52.12$
第一类费用	大修理费	元	10.42	9 900×(3－1)/1 900＝10.42
	经常修理费	元	60.44	10.42×5.8＝60.44
	安拆费及场外运输费	元	—	
	小计	元	122.98	

项目		6 t 载重汽车		
		单位	金额	计算式
第二类费用	燃料动力费	元	221.47	$32.19 \times 6.88 = 221.47$
	人工费	元	125	$1.25 \times 100 = 125$
	养路费及车船使用税	元	58.33	$\dfrac{6 \times (150 \times 12 + 50) + 900}{240} + \dfrac{2\,000}{240} = 58.33$
	小计	元	404.80	

 习题

1. 什么是工资标准? 什么是工资等级系数?

2. 如何计算综合平均工资标准?

3. 简述材料单价的概念。材料单价由哪些费用构成?

4. 如何计算材料原价? 如何计算材料运杂费?

5. 如何计算材料采购保管费?

6. 简述机械台班单价的费用构成。

7. 什么是第一类费用? 什么是第二类费用?

第4章 《土石方工程》预算定额应用

本章学习要点

1. 预算定额总说明。
2. 土石方工程量计算规则、计算方法。
3. 土石方定额的套用和换算。

引 言

某排水工程 W1～W3 管段沟槽放坡开挖，采用反铲挖掘机挖土，开挖（沿沟槽方向作业），人工辅助清底。土壤类别为三类干土；该管段原地面平均标高为 3.80 m，槽底平均标高为 1.60 m，施工组织设计确定沟槽底宽（含工作面）为 1.8 m，沟槽全长为 70 m，机械挖土挖至槽底标高以上 20 cm 处，其下采用人工开挖。试计算机械挖土及人工挖土数量，并确定套用的定额子目。另外，思考定额套用时应注意什么。

4.1 总说明

（1）辽宁省建设工程计价依据《市政工程定额》（以下简称本定额），是依据国家《建设工程工程量清单计价规范》（GB 50500—2013）、《市政工程工程量计算规范》（GB 50857—2013）、《市政工程消耗量定额》（ZYA1—31—2015）及国家有关现行产品标准、设计规范、施工及验收规范、技术操作规程、质量评定标准、安全操作规程，以及新技术、新材料、新工艺在施工中的应用编制的。

（2）本定额的适用范围：辽宁省行政区域城镇范围内的国有投资或以国有投资为主的新建、扩建、改建的市政工程项目及厂区、庭院内的道路、园林绿化工程。

（3）本定额的作用：是国有投资或以国有投资为主的建设项目，是编制工程量清单、招标控制价、施工图预算、工程竣工结算的依据；是评定投标报价合理性的依据；是调解处理工程造价争议和纠纷、审计和司法鉴定的依据；是编制投资估算指标、概算指标和概算定额的依据。非国有资金投资的建设工程使用本定额时，应遵循本定额的规定进行工程计价。

（4）本定额是按正常施工条件，合理的施工机械配备、施工中常用的施工方法、施工工艺和劳动力组织及合理的施工工期编制的。

（5）本定额是在国家规范、消耗量定额基础上结合我省实际，对项目设置、计量单位、计算规则进行了适当的补充和完善：一个定额项目就是一个清单项目。

本定额是以综合单价的形式表现的，内容包括人工费、材料费、机械费、管理费和利润。

(6)本定额消耗量和价格的确定：

1)人工工日：

①本定额人工工日以综合工日表现，是按 8 小时工作制编制的，人工等级分为普通工(简称普工)、技术工(简称技工)和高级技术工(简称高级工)，消耗量包括基本用工、超运距用工、人工幅度差、辅助用工和生产班组组织者用工。

②本定额人工工日单价分别为：普工 85 元，技工 130 元，高级工 260 元。

③定额人工费，是指本定额项目综合单价中的人工费、按章节说明规定按系数调整的人工费及定额中规定调整人工工日数量的人工费。按人工工日数量调整的人工费除章节有规定的工种外，均按普工工资标准调整人工费。

2)材料：

①本定额采用的建筑材料、成品、半成品均依据国家质量标准和相应的设计要求的合格产品考虑。材料消耗量包括施工中消耗的主要材料、辅助材料、周转性材料和零星材料；定额中的材料消耗量包括净用量和损耗量，损耗量包括施工操作损耗和场内运输、堆放损耗，规范(设计文件)规定的预留量、搭接量不包括在损耗量中；用量很少、占材料比重很小的零星材料合并为其他材料费，以"元"表示。

②本定额材料的场内搬运距离按 300 m 考虑的；设备场内搬运距离为 150 m。

③本定额材料价格包括材料供应价(原价)、运杂费、运输损耗、采购保管费。本定额项目中的材料单价均为不含增值税的税前价格。

④本定额中的周转性材料按不同施工方法、不同材质，计算出摊销量计入定额消耗量。

⑤本定额的砂子用量，是按含水率为零的干砂计算的。

3)施工机械台班：

①本定额施工机械台班消耗量是按正常合理的机械配备、机械施工功效确定的，并已考虑了机械幅度差因素。

②本定额施工机械原值在 2 000 元以内、使用年限在一年以内的不构成固定资产的小型机械，未列入本定额机械台班消耗量，其费用包括在辽宁省《建设工程费用标准》的工具用具使用费中，其燃料动力消耗量包括在相应定额项目的材料项目内。

③本定额加工机械、泵类机械、焊接机械及动力机械的操作人工均含在相应定额项目的人工消耗量中。

④本定额施工机械台班单价是按现行的《施工机械台班费用标准》确定的。

(7)本定额的砂浆、混凝土除另有规定外，均按预拌或成品编制，如果采用现场搅拌，拌制增加费按第九册《钢筋工程》相应项目调整。

4.2 土石方工程

《市政工程消耗量定额 第一册 土石方工程》(以下简称本册定额)，包括人工土方工程、人工石方工程、土方回填、机械土方工程、机械石方工程。

本册定额通用于市政工程其他专业册(专业册中指明不适用的除外)。

4.2.1 册说明

(1)干土、湿土、淤泥的划分:干土、湿土的划分,以地质勘测资料的地下常水位为准。地下常水位以上为干土,以下为湿土;地表水排出后,土壤含水率≥25%、不超过液限的为湿土;含水率超过液限,土和水的混合物呈现流动状态时为淤泥;除大型支撑基坑土方开挖定额项目外,人工挖、运湿土时,相应项目人工乘以系数1.18;机械挖、运湿土时,相应项目人工、机械乘以系数1.15。采取降水措施后,挖、运土方按干土考虑。

(2)人工挖一般土方、沟槽、基坑深度超过6 m时,6 m<深度≤7 m,按深度≤6 m相应项目人工乘以系数1.25;7 m<深度≤8 m,按深度≤6 m相应项目人工乘以系数1.25²;即1.25的n次方,以此类推,各段分别计算。本章定额中的冻土,是指短时冻土和季节性冻土。

(3)沟槽、基坑、平整场地和一般土石方的划分:底宽7 m以内,底长大于底宽3倍以上按沟槽计算;底长小于底宽3倍以内且基坑底面积在150 m²以内按基坑计算;厚度在30 cm以内挖、填土按平整场地计算;超过上述范围的土、石方按一般土方和一般石方计算。

(4)人工挖管沟项目执行人工挖沟槽相应项目。

(5)桩间挖土,是指桩间外边线间距1.2 m范围内的挖土。相应项目人工、机械乘以系数1.50。

(6)土石方运距应以挖方重心至填方重心或弃方重心最近距离计算,挖方重心、填方重心、弃方重心按施工组织设计确定。如遇下列情况应增加运距:

1)人工、人力车、汽车、推土机等的负载上坡(坡度≤15%)降效因素,已综合在相应运输项目中,不另行计算。装载机负载上坡时,其降效因素按坡道斜长乘以表4-1相应系数计算。

表4-1 装载机上坡降效系数

宽度	两边停机施工/t	单边停机施工/t
基坑宽15 m内	15	25
基坑宽15 m外	25	40

2)采用人力垂直运输土、石方、淤泥流砂,垂直深度每米折合水平运距7 m计算。

(7)挖冻土及岩石不计算放坡。

(8)三、四类土壤的土方二次翻挖按降低一级类别套用相应定额。淤泥翻挖,执行相应挖淤泥项目。

(9)人工夯实土堤、机械夯实土堤执行原土夯实(人工)原土夯实(机械)项目。

(10)挖土机在垫板上作业,人工和机械乘以系数1.25。搭拆垫板的费用另行计算。

(11)推土机推土或铲运机铲土的平均土层厚度小于30 cm时,推土机台班乘以系数1.25。铲运机台班乘以系数1.17。

(12)小型挖掘机,是指斗容量≤0.30 m的挖掘机;小型自卸汽车是指载重量≤6 t的自卸汽车。

(13)挖掘机(含小型挖掘机)挖土方项目,已综合了挖掘机挖土方和挖掘机挖土后,基底和边坡遗留厚度≤0.3m的人工清理和修整。使用时不得调整，人工基底清理和边坡修整不另行计算。

(14)机械挖管沟土方项目适用于管道(给水排水、工业、电力、通信等)、光(电)缆沟[包括人(手)孔、接口坑]及连接井(检查井)等。

(15)挖密实的钢碴，按挖四类土，人工挖土项目乘以系数2.50，机械挖土项目乘以系数1.50。

(16)挖、装、运山皮石(土)，按挖、装、运石渣项目执行。

(17)石方爆破按炮眼法松动爆破和无地下渗水积水考虑防水与覆盖材料未在项目内。采用火雷管可以换算，雷管数量不变，扣除胶质导线用量，增加导火索用量，导火索长度按每个雷管2.12m计算。本定额编制按一般爆破考虑，抛掷和定向爆破等另行处理。打眼爆破若要达到石料粒径要求，则增加的费用另计。

(18)除大型支撑基坑土方开挖定额项目外，在支撑下挖土，按实挖体积，人工挖土项目乘以系数1.43，机械挖土项目乘以系数1.20。先开挖后支撑的不属于支撑下挖土。

(19)大型支撑基坑土方开挖由于场地狭小只能单面施工时，挖土机械按表4-1调整。

4.2.2　工程量计算规则

(1)土石方的挖、推、铲、装、运等体积均以天然密实体积计算，填方按设计的回填体积计算。不同状态的土石方体积，按表4-2相关系数换算。

表4-2　土石方体积换算系数

名称	虚方体积	天然密实体积	夯填体积	松填体积
土方	1.00	0.77	0.67	0.83
	1.30	1.00	0.87	1.08
	1.50	1.15	1.00	1.25
	1.20	0.92	0.80	1.00
石方	1.54	1.00	—	1.31
砂夹石	1.07	1.00	—	0.94

(2)坑、槽底加宽应按设计文件的数据或图纸尺寸计算，设计文件未明确的按施工组织设计的数据或图纸尺寸计算，设计文件未明确也无施工组织设计的可按表4-3计算。

表4-3　管道沟槽单面工作面宽度 　　　　　　　　　　　　cm

管道结构宽度/cm	混凝土、水泥管道		金属管道
	基础90°	基础>90°	
50以内	40	40	30
100以内	50	50	40
250以内	60	50	40
250以上	70	60	50
注：管道结构宽度：无管座按管道外径计算，有管座按管道基础外缘计算。			

其他基础坑槽施工单面工作面宽度可按表4-4计算。

表 4-4 其他基础坑槽施工单面工作面宽度

基础材料	每面增加工作面宽度/mm
砖基础	200
毛石、方整石基础	250
混凝土基础(支模板)	400
混凝土基础垫层(支模板)	300
基础垂直面做砂浆防潮层	800(自防潮层面)
基础垂直面做防水层或防腐层	1 000(自防水层或防腐层面)
支挡土板	150(另加)

(3)清理土堤基础按设计规定以水平投影面积计算,清理厚度在 30 cm 内,废土运距按 30 m 计算。

(4)人工挖土堤台阶工程量,按挖前的堤坡斜面积计算,运土应另行计算。

(5)挖土放坡应按设计文件的数据或图纸尺寸计算,设计文件未明确的按施工组织设计的数据或图纸尺寸计算,设计文件未明确也无施工组织设计的可按表 4-5 计算。

表 4-5 放坡系数表

土壤类别	放坡起点深度/m	人工开挖	机械开挖		
			沟槽、坑内作业	沟槽、坑上作业	顺沟槽方向坑上作业
一、二类土	1.20	1:0.50	1:0.33	1:0.75	1:0.50
三类土	1.50	1:0.33	1:0.25	1:0.67	1:0.33
四类土	2.00	1:0.25	1:0.10	1:0.33	1:0.25

注:1. 机械挖土从交付施工场地标高起至基础底,机械一直在坑内作业,并设有机械上坡道(或采用其他措施运送机械)称为坑内作业;相反机械一直在交付施工场地标高上作业(不下坑)称为坑上作业。

2. 开挖时没有形成坑,虽然是在交付施工场地标高(坑上)挖土,继续挖土时机械随坑深在坑内作业,亦称为坑内作业。

3. "沟槽侧、坑上作业"是挖土设备在沟槽一侧进行挖土作业。

4. "顺沟槽方向坑上作业"是挖土设备在沟槽坑上端头位置倒退挖土。

(6)挖土交叉处产生的重复工程量不扣除。基础土方放坡,自基础(含垫层)底标高算起;如在同一断面内遇有数类土壤,其放坡系数可按各类土占全部深度的百分比加权计算。

(7)平整场地工程量按施工组织设计尺寸以面积计算。

(8)沟槽土石方,按设计图示沟槽长度乘以沟槽断面面积,以体积计算。

1)条形基础的沟槽长度,按设计规定计算;设计无规定时,按中心线长度计算。

2)管道的沟槽长度,按设计规定计算;设计无规定时,以设计图示管道中心线长度(不扣除下口直径或边长≤1.5 m 的井池)计算。下口直径或边长>1.5 m 的管道接口作业坑和沿线各种井室所需增加开挖的石方工程量,另按基坑的相应规定计算。管沟回填土应扣除300 mm 以上管道、基础、垫层和各种构筑物所占的体积。

3)沟槽的断面面积,应包括工作面宽度、放坡宽度或石方允许超挖量的面积。

(9)基坑土石方,按设计图示基础(含垫层)尺寸,另加工作面宽度、土方放坡宽度或石方允许超挖量乘以开挖深度，以体积计算。

(10)一般土石方，按设计图示基础(含垫层)尺寸，另加工作面宽度、土方放坡宽度或石方允许超挖量乘以开挖深度，以体积计算。修建机械上坡、下坡便道的土方量及为保证路基边缘的压实度而设计的加宽填筑土方量并入土方工程量内。

(11)桩间挖土，设计有桩顶承台的按承台外边线乘以实际桩间挖土深度计算，无承台的按桩外边线均外扩 0.6 m 乘以实际桩间挖土深度计算，桩间挖土不扣除桩体积和空孔所占体积，挖土交叉处产生的重复工程量不扣除。

(12)挖淤泥流砂，以实际挖方体积计算。

(13)人工挖(含爆破后挖)冻土，按实际冻土厚度，以体积计算。机械挖冻土，冻土层厚度在 300 mm 以内时，不计算挖冻土费用；冻土层厚度超过 300 mm 时，按设计图示尺寸，以体积计算，执行"机械破碎冻土"项目。破碎后冻土层挖、装运执行挖、装、运石渣相应定额项目。

(14)岩石爆破后人工清理基底与修整边坡，按岩石爆破的规定尺寸(含工作面宽度和允许超挖量)以面积计算。

(15)夯实土堤按设计面积计算。

(16)大型支撑基坑土方开挖工程量按设计图示尺寸以体积计算。

(17)石方工程量按图纸尺寸加允许超挖量计算，开挖坡面每侧及底面允许超挖量：极软岩、软岩 20 cm，较软岩、较硬岩、坚硬岩 15 cm。

4.2.3 定额的应用

1. 干湿土的划分及换算说明

[例 4-1] 人工挖沟槽三类湿土，挖深为 5 m，确定套用的定额子目及综合单价。

[解] 据册说明第一条：除大型支撑基坑土方开挖定额项目外，人工挖、运湿土时，相应项目人工乘以系数 1.18。

套用的定额子目：1-15H。

$$换算后的人工消耗量 = 49.382 \times 1.18 = 58.271(工日/100 \ m^3)$$

换算后的综合单价 $= 4\ 197.41 + 4\ 197.41 \times (1.18-1) + 235.05 = 5\ 187.99(元/100\ m^3)$

2. 土方的不同体积及换算说明

[例 4-2] 某道路工程，挖土方量为 1 800 m³，填土方量为 500 m³，填土考虑现场平衡，试计算其土方外运量。

[解] 据工程量计算规则第一条，挖、运土方体积均以自然方计算；填土方体积以实方计算，故需将本例中的填土方体积转换为自然方。查表 4-2 可知，实方：自然方=1：1.15。

$$本例中填土所需自然方 = 500 \times 1.15 = 575(m)$$
$$则土方外运量 = 1\ 800 - 575 = 1\ 225(m)$$

3. 沟槽、基坑土石方、一般土石方、平整场地的划分

(1)开挖底宽≤7 m，且底长大于 3 倍底宽，按沟槽土石方计算。

(2)开挖底长<3 倍底宽，且底面积≤50 m²，按基坑土石方计算。

(3)厚度≤30 cm 的就地挖、填土按平整场地计算。

(4)超出上述范围的土石方，按一般土石方计算。

📠特别提示

常见的市政工程中，管道工程的土石方开挖通常按挖沟槽土石方计算；道路工程的土石方开挖通常按挖一般土石方或平整场地计算；桥梁工程的土石方开挖通常按挖基坑土石方计算。

4. 沟槽土石方(挖、填)

(1)沟槽挖方。

[例4-3] 某段沟槽长为30 m，宽为2.45 m，平均深为3 m，矩形截面，无井。槽内铺设φ1 000钢筋混凝土平口管，管壁厚为0.1 m，管下混凝土基座为0.436 4 m³/m，基座下碎石垫层为0.22 m³/m。试求该沟槽填土压实(机械回填，12 t压路机碾压)的工程量。

[解] 　　　沟槽体积＝30×2.45×3＝220.5(m³)

碎石垫层体积＝0.22×30＝6.6(m³)

混凝土基座体积＝0.436 4×30＝13.092(m²)

φ1 000管子外形体积＝π×(1+0.1×2)²/4×30＝33.93(m²)

按工程量计算规则说明第(6)条可知，该沟槽填土压实工程量为

220.5－6.6－13.092－33.93＝166.878(m³)

套用定额编号为1-122(机械填土碾压，压路机151以内)。

📝知识链接

如某管段的沟槽开挖断面示意如图4-1所示，计算该管段沟槽开挖平均面积，需要首先确定沟槽开挖的断面尺寸，包括沟槽底宽($B+2b$)、沟槽边坡($1:m$)段的沟槽平均挖深H。

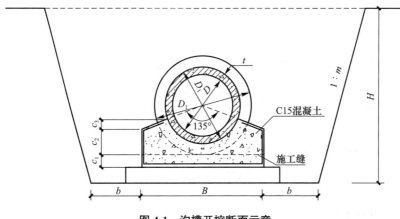

图4-1　沟槽开挖断面示意

图中，B为管道结构宽，b为管沟底部每侧工作面宽度。图示管道沟槽挖方可按下式计算：

$$V_{挖}=(B+2b+mH)\times H\times L \tag{4-1}$$

[例4-4] 某排水工程W1～W3管段沟槽放坡开挖，采用反铲挖掘机挖土，开挖(沿沟槽方向作业)，人工辅助清底。土壤类别为三类干土；该管段原地面平均标高为3.80 m，槽底平

均标高为 1.60 m，施工组织设计确定沟槽底宽(含工作面)为 1.8 m，沟槽全长为 70 m，机械挖土挖至槽底标高以上 20 cm 处，其下采用人工开挖。试计算机械挖土及人工挖土数量，并确定套用的定额子目。

[解] 　　　　　　　沟槽开挖深度＝3.80－1.60＝2.20(m)

土壤类别为三类土，需要放坡，据《土石方工程》工程量计算规则说明第(5)条可知放坡系数为 0.25。

$$土石方总量 V_总 ＝(1.8＋0.25×2.2)×2.2×70＝361.9(m^3)$$

据《土石方工程》说明第(18)条得知，本题人工基底清理 20 cm＜0.3 m，不需要另行计算，套用定额子目 1-145。

📖 知识链接

雨污水管道沟槽开挖时常用的支撑形式主要有钢板桩支撑、竖撑、横撑。钢板桩支撑施工时先将板桩打入沟槽底以下一定的入土深度，再进行沟槽开挖。竖撑、横撑施工时，先开挖部分土方，随挖随支，逐步设置支撑到沟槽底部。

[例 4-5]　某管段采用机械挖管沟土方，土质为三类干土，不装车，管沟采用钢板桩支撑，确定套用的定额子目及综合单价。

[解]　套用的定额子目：1-175H。

换算后的综合单价＝2 081.23×1.43＋3 111.25×1.2＋290.78＝7 000.44(元/1 000 m³)

[例 4-6]　人工挖沟槽淤泥，挖深为 8 m，确定套用的定额子目及消耗量。

[解]　套用的定额子目：1-28。

根据[1-28]下面注 1 挖深超过 6 m，每增加 1m，增加 4.69 工日/100 m³，则

人工消耗量＝72.227＋4.69×281.609＝1 392.97(工日/100 m³)

(2)沟槽回填方。管沟回填土应扣除各种管道、基础、垫层和构筑物(主要是沿线检查井)所占的体积。沟槽回填工程量按下式计算：

$$V_{回填} ＝V_挖 － V_{应扣} \tag{4-2}$$

式中　$V_挖$——管道沟槽的挖方量(包括沿线检查井)(m³)；

　　　$V_{应扣}$——管道、基础、垫层与构筑物所占的体积之和(m³)。

5. 基坑土石方(挖、填)

(1)基坑挖方。

1)工程量计算规则及计算方法。基坑挖方工程量按以下通用公式计算：

$$V_挖 ＝ H/6[AB＋ab＋(A＋a)(B＋b)] \tag{4-3}$$

式中　$A，B$——基坑下底面长、宽(m)；

　　　$a，b$——基坑上底面长、宽(m)；

　　　H——基坑挖深(m)。

[例 4-7]　已知某桥台基础长为 10 m，宽为 3 m，采用混凝土基础(支模板)，采用人工对称放坡开挖，该段原地面平均标高为 5.3 m，槽底平均标高为 5.3 m，土壤为二类土，井点降水。

试求：(1)开挖的工程量；

　　　(2)套用的定额子目及定额编号；

(3)开挖工程人工的总消耗量。

[解] (1)根据题意，查看《市政工程消耗定额　第一册　土石方工程》工程量计算规则第(5)条可知：二类土人工开挖放坡系数为1∶0.50，混凝土基础(支模板)外缘每侧增加工作面宽度40 mm，则

$$底面长 a = 10 + 0.4 \times 2 = 10.8(m)$$
$$底面宽 b = 3 + 0.4 \times 2 = 3.8(m)$$

又

$$上口长 A = a + 2mH = 10.8 + 2 \times 0.5 \times (5.3 - 1.5) = 14.6(m)$$
$$上口宽 B = b + 2mH = 3.8 + 2 \times 0.5 \times (5.3 - 1.5) = 7.6(m)$$

所以

$$\begin{aligned}
挖方量 V &= H/6[AB + ab + (A+a)(B+b)] \\
&= 3.8/6 \times (14.6 \times 7.6 + 10.8 \times 3.8 + 25.4 \times 11.4) \\
&= 279.65(m^3)
\end{aligned}$$

(2)根据《市政工程消耗定额　第一册　土石方工程》说明第(8)条可知：$10.8/3.8 = 2.84 < 3$倍，且底面积$= 10.8 \times 3.8 = 41.04 \ m^2 < 150 \ m^2$，所以该工程应执行"人工挖基坑土方(一、二类土，深度4 m以内)"，定额编号为1-20。

(3)根据题意，由于该基坑采用井点降水，应视为挖干土，且无支撑，无冻土。所以应直接套用定额1-20，消耗量不作调整，即综合人工33.04工日/100 m³。

$$人工总消耗量 = 33.04 \times 279.65/100 = 92.40(工日)$$

2)定额套用及换算说明。基坑挖方定额的套用方法与沟槽挖方基本相同。

(2)基坑回填方。

1)工程量计算规则及计算方法。基坑回填土应扣除基坑内构筑物、基础、垫层所占的体积。基坑回填土工程量的计算与沟槽回填土工程量的计算方法相同。

2)定额套用及换算说明。基坑回填定额的套用方法与沟槽回填基本相同。

6. 一般土石方(挖、填)

一般土石方工程挖方、填方工程量的计算通常采用横截面法或方格网法计算。

(1)横截面法计算。常见的市政道路工程路基横截面形式有填方路基、挖方路基、半填半挖路基和不填不挖路基。根据路基横截面图(道路逐桩或施工横断面图)可以计算出每个截面处的挖方/填方面积，取两相邻截面挖方/填方面积的平均值乘以相邻截面之间的中心线长度，计算相邻两截面间的挖方/填方工程量，合计可得整条道路的挖方/填方工程量。横截面法计算公式如下：

$$挖(或填)方总体积 V = \sum (A_i + A_j)/2 \times L_{i,j} \tag{4-4}$$

式中　A_i，A_j——两相邻设计断面面积；

　　　　$L_{i,j}$——两相邻设计断面之间的距离。

📝知识链接

市政道路工程的挖方、填方通常为一般土石方工程，计算工程量时，可以依据道路施工图中的桩号或施工横断面或土方计算表进行。

[例4-8] 某道路工程，土方量计算表见表4-6，计算0+000～0+020。

表4-6　土方量计算表

桩号	挖土面积 /m²	填土面积 /m²	距离/m	挖土平均 面积/m²	填土平均 面积/m²	挖土数量 /m³	填土数量 /m³
0+000	30	40					
			20	35	45	700	900
0+020	40	50					
			20	30	25	600	500
0+040	20	0					
合计						1300	1400

[解]
$$V_{挖}=(30+40)/2=35(\text{m}^3)$$
$$V_{填}=(40+50)/2=45(\text{m}^3)$$

(2)方格网法计算。大面积挖填方可采用方格网法计算。方格网法计算挖(填)方量的步骤如下：

1)根据场地大小，将场地划分为10 m×10 m或20 m×20 m的方格网。方格网有5 m×5 m、10 m×10 m、20 m×20 m、50 m×50 m、100 m×100 m五种(可根据地形起伏情况或精度要求，选择适当尺寸的方格网)。方格越小，计算的准确性就越高。

微课：平整场地土方 工程量计算

将各方格网加以编号，可标注在方格网中间；将各角点加以编号，可标注在角点左下方。

2)确定每个方格网的4个角点的原地面标高、设计标高，计算出各个角点的施工高度。

在方格网各角点右上方标注原地面标高、在方格网各角点右下方标注设计路基标高，并计算方格网各角点的施工高度，将其标注在角点左上方。

$$施工高度\ h=原地面标高-设计路基(开挖线)标高 \tag{4-5}$$

施工高度为正数需挖方；施工高度为负数需填方。

3)计算确定每个方格网各条边零点的位置，并将同一方格网内的零点连接得到零线。零点即施工高度为零的点，即方格网边不填不挖的点。零线将方格网划分为挖方区域、填方区域(图4-2)。

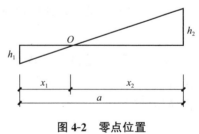

图4-2　零点位置

零点位置按下式计算：

$$x_1=\frac{ah_1}{h_1+h_2},\quad x_2=\frac{ah_2}{h_1+h_2} \tag{4-6}$$

式中　x_1、x_2——角点至零点的距离(m);

　　　h_1,h_2——相邻两角点的施工高度(均用绝对值)(m);

　　　a——方格网的边长(m)。

常用方格网法计算公式见表4-7。

表 4-7　常用方格网法计算公式

项目	图式	计算公式
一点填方或挖方 (三角形)		$V = \dfrac{1}{2}bc\dfrac{\sum h}{3} = \dfrac{bch_3}{6}$ 当 $b=a=c$ 时,$V = \dfrac{a^2h_3}{6}$
两点填方或挖方 (梯形)		$V_+ = \dfrac{b+c}{2}a\dfrac{\sum h}{4} = \dfrac{a}{8}(b+c)(h_1+h_3)$ $V_- = \dfrac{b+e}{2}a\dfrac{\sum h}{4} = \dfrac{a}{8}(d+e)(h_2+h_4)$
三点填方或挖方 (五角形)		$V = \left(a^2 - \dfrac{bc}{2}\right)\dfrac{\sum h}{5}$ $= \left(a^2 - \dfrac{bc}{2}\right)\dfrac{h_1+h_2+h_3}{5}$
四点填方或挖方 (正方形)		$V = \dfrac{a^2}{4}\sum h = \dfrac{a^2}{4}(h_1+h_2+h_3+h_4)$

[**例 4-9**]　某工程场地方格网的一部分如图4-3所示,方格边长为 20 m×20 m,试计算挖、填土方总量。

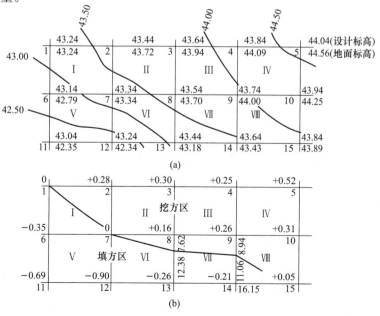

图 4-3　场地方格网

(a)方格角点标高、方格编号、角点编号图；(b)角点施工高度、零线、角点编号图

[**解**] (1)划分方格网，计算角点 5 的施工高度＝44.56－44.04＝＋0.52(m)，其余类推。

(2)计算零点位置。从图 4-3 中可知，8—13、9—14、14—15 三条方格边两端的施工高度符号不同，表明在这些方格边上有零点存在。

由式(4-6)得 x_1：

8—13 线：$x_1=\dfrac{0.16}{0.16+0.26}\times 20=7.62(\mathrm{m})$。

9—14 线：$x_1=8.94$ m。

14—15 线：$x_1=16.15$ m。

将各零点标于图上，并将零点线连接起来。

(3)计算土方量(见表 4-8)。

表 4-8　土方量计算

方格编号	底面图形及编号	挖方(＋)/m²	填方(－)/m²
Ⅰ	三角形 1、2、7 三角形 1、6、7	$\dfrac{0.28}{6}\times 20\times 20=18.67$	$\dfrac{-0.35}{6}\times 20\times 20=23.33$
Ⅱ	正方形 2、3、7、8	$\dfrac{20\times 20}{4}\times(0.28+0.30+0.16+0)$ $=74.00$	—
Ⅲ	正方形 2、3、7、9	$\dfrac{20\times 20}{2}\times(0.3+0.25+0.16+0.26)$ $=97.00$	—
Ⅳ	正方形 4、5、9、10	$\dfrac{20\times 20}{4}\times(0.25+0.52+0.26+$ $0.31)=134.00$	—
Ⅴ	正方形 6、7、11、12	—	$\dfrac{20\times 20}{4}\times(0.35+0+0.69+0.90)$ $=194.00$
Ⅵ	三角形 7、8、0 梯形 7、10、12、13	$\dfrac{0.16}{6}\times(7.62\times 20)=4.06$	$\dfrac{20}{8}\times(20+12.38)\times(0.90+0.26)$ $=93.90$
Ⅶ	梯形 8、9、0、0 梯形 0、0、13、14	$\dfrac{20}{8}\times(7.62+8.94)(0.16+$ $0.26)=17.39$	$\dfrac{20}{8}\times(12.28+11.06)\times(0.26$ $+0.21)=27.42$
Ⅷ	三角形 0、14、15 五角形 9、10、0、0、15	$\left(20\times 20-\dfrac{16.15\times 11.06}{2}\right)\times$ $\dfrac{0.26+0.31+0.05}{5}=38.53$	$\dfrac{0.21}{6}\times 11.06\times 16.15=6.25$
	小计	383.65	344.9

7. 土石方运输

[例 4-10] 推土机推土上坡，三类土，斜道长度为 20 m，坡度为 12%，确定套用的定额子目及综合单价。

[解] 根据《市政工程消耗定额 第一册 土石方工程》说明第(11)条可知，上坡坡度为 12%，斜道运距可乘以系数 2。

斜道运距＝20×2＝40(m)。

套用的定额子目：1-127+1-128。

综合单价＝3 397.43+2 115.07＝5 512.5(元/100 m³)。

[例 4-11] 人力垂直运输土方深度为 3 m，另加水平距离 5m，试计算其运距。

[解] 根据《市政工程消耗定额 第一册 土石方工程》说明第(11)条可知，采用人力垂直运输土、石方、淤泥流砂，垂直深度每米折合水平运距 7 m 计算，则

$$人力运土运距＝3×7+5＝26(m)$$

[例 4-12] 某工程采用 105 kW 履带式推土机推土上坡 B 点到 A 点，已知 A 点标高为 15.24 m，B 点标高为 11.94 m，两点水平距离为 40 m，推土厚度为 20 cm，宽度为 30 m，土方为四类土，要求：

(1)确定该工程应套用的定额子目及定额编号；

(2)求该工程人工、机械总消耗量。

[解] (1)由题意可知：A、B 两点总高差 H_{AB}＝15.24－11.94＝3.3(m)

$$坡度 i＝3.3/40×100\%＝8.25\%$$

根据《市政工程消耗定额 第一册 土石方工程》说明第(11)条可知，上坡坡度为 5%～10%，斜道运距可乘以系数 1.75。

$$斜道长度＝(40^2+3.3^2)^{1/2}＝40.14(m)$$
$$斜道运距＝40.14×1.75＝70.25(m)$$

所以套用定额 1-127+1-129。

(2)推土机推土工程量：40.14×30×0.2＝240.84(m³)。

总消耗量：综合人工＝5.880×240.84/1 000＝1.42(工日)。

根据《市政工程消耗定额 第一册 土石方工程》说明第(16)条可知，推土机推土或铲运机铲土的平均土层厚度小于 30 cm 时，推土机台班乘以系数 1.25。

履带式推土机(105 kW)＝(3.150+3×1.999)×1.25×240.84/1 000＝2.75(台班)

习题

一、简答题

1. 在套用定额时，如何区分沟槽、基坑、平整场地、一般土石方？

2. 挖、运湿土应该如何套用定额？

3. 施工时先挖土再设支撑，能否按支撑下挖土进行定额的换算套用？

4. 采用井点降水的土方是按干土计算，还是按湿土计算？

二、计算题

1. 某排水管道工程，检查井垫层现场浇筑施工时采用非泵送的商品混凝土，混凝土强

度等级为 C15，确定套用的定额子目。

2. 某 Y1-Y3 雨水管道长 70 m，采用 D600 钢筋混凝土管道、1 359° C15 钢筋混凝土条形基础。已知原地面平均标高为 4.300 m，沟槽底平均标高为 1.200 m，地下常水位标高为 3.300 m，条形基础宽度为 0.88 m，土质为三类土，采用挖掘机在沟槽边作业，距离槽底 30 cm 用人工辅助清底，试计算该管道沟槽开挖的工程量，并确定套用的定额子目及综合单价。

3. 某 W1～W2 污水管道长 30 m，采用 DN400UPVC 管道、砂基础，管道外径为 450 mm。已知原地面平均标高为 3.600 m，沟槽底平均标高为 2.200 m，土质为一、二类土，采用挖掘机在垫板上沿沟槽方向作业，试计算沟槽开挖的工程量，并确定套用的定额子目及综合单价。

4. 某道路路基工程，已知挖土 2 500 m²，其中可利用 2 000 m²，需要填土用 400 m 现场挖、填平衡，试计算余土外运量和填土缺方量。

5. 已知某桥梁承台长 10 m，宽 4 m，原地面标高为 6 800 m，承台底标高为 2 800 m，拟采用垂直开挖、钢板桩支撑，试计算承台施工时的挖方量。

6. 某土方工程采用 90 kW 履带式推土机推土上坡，已知斜道坡度为 89%，两点水平距离为 40 m，推土厚度为 0.5 m、宽度为 40 m，土质为二类土，确定推土机推土套用的定额子目及综合单价。

7. 某土方工程采用方格网法计算挖填工程量，方格网的边长为 20 m，某方格网 4 个 80 角点(顺时针方向)的施工高度分别为 0.5 m、−1.2 m、−0.6 m、0.8 m，计算该方格网的挖方量和填方量。

第5章 《道路工程》预算定额应用

本章学习要点

1. 路基处理工程量计算规则、计算方法、定额的套用和换算。
2. 道路基层工程量计算规则、计算方法、定额的套用和换算。
3. 道路面层工程量计算规则、计算方法、定额的套用和换算。
4. 人行道及其他工程量计算规则、计算方法、定额的套用和换算。

引言

某道路工程，道路横断面为 4 m 人行道＋18 m 车行道＋4 m 人行道，长为 1 000 m，车行道采用沥青混凝土路面，应如何计算沥青混凝土路面的相关工程量？

5.1 《道路工程》说明

《道路工程》(以下简称本册定额)，是《辽宁省市政工程预算定额》(2017 版)的第二册，包括路基处理、道路基层、道路面层、人行道及其他 、交通管理设施共五章。本册定额适用于城镇范围内的新建、扩建、改建的市政道路工程。

(1)本册定额中的工序、人工、机械、材料等均是综合取定，除另有规定者外，均不得调整。

(2)石灰土垫层、粒料石灰土垫层、石灰土基层定额项目中石灰均为生石灰的消耗量，土为松方用量，土均按外购考虑，如利用现场土，应扣除定额中土的材料费。

(3)本册定额凡使用石灰的项目，均未包括消解石灰的工作内容。

(4)本册定额施工用水按现场有水源考虑，如现场无水源，所增加的费用按第 4 章相应项目计算。

5.2 路基处理

5.2.1 定额说明

(1)本章定额包括预压地基、强夯地基、掺石灰、掺砂石、抛石挤淤等项目。

(2)堆载预压工作内容中包括堆载四面的放坡和修筑坡道，未包括堆载材料的运输，发生时费用另行计算。

（3）强夯地基。

1）点夯定额中综合考虑了各类布点形式，无论设计采用何种布点形式均不得调整。

2）点夯项目中每单位面积夯点数，是指设计文件最终夯点布置图中规定的单位面积内点夯完成后最终的夯点数量。

3）满夯应按设计要求的满夯能级计算。

4）强夯的夯击击数，是指强夯机械就位后，夯锤在同一夯点上下起落的次数。

5）强夯工程最应区别不同夯击能量和夯点密度，按设计图示夯击范围分别计算。

6）设计要求采用强夯置换法夯实地基时，人工、机械乘以系数 1.25，填充夯填料及其运输的人工、机械不含在强夯定额中，另行计算。

7）如强夯面积小于 600 m^2 的小型工程，应按相应定额项目乘以系数 1.25。

（4）真空预压砂垫层厚度按 70 cm 考虑，当设计材料厚度不同时，可进行调整。

（5）袋装砂井直径按 7 cm 编制，当设计砂井直径不同时，按砂井截面面积的比例关系调整中（粗）砂的用量，其他消耗量不做调整。袋装砂井及塑料排水板处理软弱地基，工程量为设计深度，定额材料消耗中已包括砂袋或塑料排水板的预留长度。

（6）振冲桩（填料）定额中不包括泥浆排放处理的费用，需要时另行计算，执行《房屋建筑与装饰工程定额》相应项目。

（7）水泥搅拌桩可分为深层搅拌法（简称湿法）和粉体喷搅法（简称干法），空搅部分按相应项目的人工及搅拌机械乘以系数 0.5。

（8）水泥搅拌桩中深层搅拌法的单（双）头搅拌桩、三轴水泥搅拌桩定额按二搅二喷施工工艺考虑，设计不同时，每增（减）一搅一喷按相应项目的人工、机械乘以系数 0.4 进行增（减）。SMW 工法桩（型钢水泥土搅拌墙）项目执行《房屋建筑与装饰工程定额》相应项目。

（9）单（双）头深层搅拌桩、三轴搅拌桩水泥掺量分别按加固土重（1 800 kg/m^3）的 13％和 15％考虑，当设计与定额取定不同时，执行相应项目。

（10）三轴水泥搅拌桩土方置换外运量按桩体积 20％计量。

（11）水泥粉煤灰碎石桩（CFG）土方场外运输执行《市政工程消耗定额 第一册 土石方工程》相应项目。

（12）高压旋喷桩设计水泥用量与定额不同时，根据设计有关规定进行调整。

（13）石灰桩是按桩径 500 mm 编制的，设计桩径每增加 50 mm，人工、机械乘以系数 1.05。设计桩径小于 500 mm 时，人工、机械不予调整。当设计与定额取定的石灰用量不同时，可以换算。

（14）分层注浆加固的扩散半径为 80 cm，压密注浆加固半径为 75 cm。当设计与定额取定的水泥用量不同时，可以换算。

（15）石灰土垫层、粒料石灰土垫层项目按路拌考虑，若在指定拌合场集中拌和，人工乘以系数 0.85，所增加的运输费用应另行计算。

5.2.2 工程量计算规则

（1）堆载预压、真空预压按设计图示尺寸以加固面积计算。

（2）强夯分满夯、点夯及不同夯击能量，按设计图示尺寸的夯击范围以面积计算。设计无规定时，按每边超过基础外缘的宽度 3 m 计算。

（3）掺石灰、掺配片石、改换炉渣、改换片石，均按设计图示尺寸以体积计算。

(4)掺砂石按设计图示尺寸以面积计算。

(5)抛石挤淤按设计图示尺寸以体积计算。

(6)袋装砂井、塑料排水板按设计图示尺寸以长度计算。

(7)振冲桩(填料)按设计图示尺寸以体积计算。

(8)振动砂石桩按设计桩截面乘以桩长(包括桩尖)以体积计算。

(9)水泥粉煤灰碎石桩(CFG)按设计图示尺寸以桩长(包括桩尖)计算,取土外运按成孔体积计算。

(10)水泥搅拌桩(含深层水泥搅拌法和粉体喷搅法)工程量按桩长乘以桩径截面面积以体积计算,桩长按设计桩顶标高至桩底长度另增加500 mm;若设计桩顶标高已达打桩前的自然地坪标高小于550 mm或已达打桩前的自然地坪标高,另增加长度应按实际长度计算或不计。

(11)高压旋喷桩工程量,钻孔按原地面至设计桩底的距离以长度计算,喷浆按设计加固桩截面面积乘以设计桩长以体积计算。

(12)石灰桩按设计桩长(包括桩尖)以长度计算。

(13)地基注浆加固以孔为单位的项目,按全区域加固编制,当加固深度与定额不同时可采用内插法计算;若采取局部区域加固,则人和钻机台班不变,材料(注浆阀管除外)和其他机械台班按加固深度与定额深度同比例调减。

(14)注浆加固以体积为单位的项目,已按各种深度综合取定,工程量按加固土体以体积计算。

(15)褥垫层、土工合成材料按设计图示尺寸以面积计算。

(16)排(截)水沟按设计图示尺寸以体积计算。

(17)盲沟按设计图示尺寸以体积计算。

(18)山皮石垫层、石灰土垫层、粒料石灰土垫层按设计图示尺寸以体积计算。

5.2.3 定额的应用

[例5-1] 某道路路基需做砂石盲沟,已知道路长度为2.1 km,设计路幅宽度为22 m,试求该路基横向盲沟的工程量。

注:某市对于路基盲沟有如下规定:

(1)横向盲沟的纵向间距为15 m;

(2)横向盲沟的规格按路幅宽度选用,见表5-1。

表5-1 盲沟工程数量计算表

路幅宽度 B/m	盲沟断面尺寸(宽×深)/(cm×cm)
$B \leqslant 10.5$	3×40
$10.5 < B \leqslant 21$	40×40
$21 < B$	40×60

[解] 据此,可知本工程横向盲沟条数:2 100/15+1=141(条)。

则横向盲沟工程量=22×141=3 102(m)。

套用定额子目编号2-167,砂石盲沟的尺寸为40 cm×60 cm。

[例5-2] 某道路工程湿软土基处理,采用单重管法高压水泥旋喷桩240根,已知每根

桩长为 8 m，直径为 50 cm，试求旋喷桩的工程量及水泥的总消耗量。

[解]　(1)该工程旋喷桩的工程量＝π×(0.5)²/4×8×240＝376.99(m³)

(2)根据题意，可知该子目定额编号为 2-105。

水泥的总消耗量＝4.748×376.99/10＝178.99(t)

5.3　道路基层

5.3.1　定额说明

(1)本章定额包括路床整形、石灰稳定土摊铺、水泥稳定土摊铺、厂拌稳定土摊铺等项目。

(2)路床整形已包括平均厚度为 10 cm 以内的人工挖高填低，路床整平达到设计要求的纵、横坡度。

(3)边沟成型已综合了边沟挖土不同土壤类别，考虑边沟两侧边坡培整面积所需的挖土、培土、修整边坡及余土抛出沟外的全过程所需的人工。

(4)多合土基层中各种材料是按常用的配合比编制的，当设计与定额取定的材料不同时，可以换算，人工、机械不调整。

(5)集中拌和水泥稳定碎(砾)石基层项目按施工单位自建拌合站考虑，不包括拌合站建站费用及混合料运输费用，发生时费用另行计算。

(6)基层的设计压实厚度与定额取定厚度不同时，可按"每增减 1 cm"定额项目调整厚度，当调整的厚度超过 10 cm 以上时，该基层按照两层结构层计算，并按"每增减 1 cm"定额项目调整厚度，以此类推。调整方法：当设计压实厚度在 18 cm 以内时，在基层厚度 15 cm 的定额项目上进行调整；当设计压实厚度在 18 cm 以外时，在基层厚度 20 cm 的定额项目上进行调整。

(7)混合料多层次铺筑时，其基础各层需要进行养生，养生期按 7 天考虑，其用水量以综合在基层养生项目内，使用时不得重复计算用水量。

(8)石灰土集中拌合法拌和执行集中消解石灰项目，石灰土路拌法拌和执行小堆沿线消解石灰项目。如环保部门禁止施工现场拌和石灰土，均执行集中消解石灰项目。

(9)石灰土稳定土基层按路拌考虑，若在指定拌合场集中拌和，按拖拉机拌和项目执行，人工乘以系数 0.85，所增加的运输费用应另行计算。如石灰土是按成品材料采购的，执行厂拌机械摊铺石灰土基层项目。

(10)厂拌稳定土混合基层项目不包括稳定土混合料运至摊铺作业面的运输费用，发生时按第四章有关项目计算。

(11)本定额厂拌材料的压实密度按如下数值计入：厂拌石灰土 1.65 t/m³、厂拌石灰土碎石(10∶60∶30)2.049 t/m³、厂拌粉煤灰三渣 2.13 t/m³、厂拌水泥稳定砂砾(4%)2.195 t/m³、厂拌水泥稳定砂砾(5%)2.216 t/m³、厂拌水泥稳定砂砾(6%)2.235 t/m³、厂拌水泥稳定碎石(4%)2.23 t/m³、厂拌水泥稳定碎石(5%)2.251 t/m³、厂拌水泥稳定碎石(6%)2.273 t/m³、厂拌级配碎石 2.268 t/m³、厂拌粉煤灰水泥碎石(15∶5∶80)2 214 t/m³、厂拌石灰粉煤灰水泥碎石(8∶50∶2∶40)1.947 t/m³、厂拌石灰粉煤灰土(8∶80∶12)1.431 t/m³。

5.3.2 工程量计算规则

(1)道路路床碾压按设计道路路基边缘图示尺寸以面积计算,不扣除各类井所占面积,在设计中明确加宽值,按设计规定计算。

(2)土边沟成形按设计图示尺寸以体积计算。

(3)道路基层、养生工程量均按设计摊铺层的面积之和计算,不扣除各种井位所占的面积;设计道路基层横断面是梯形时,应按其截面平均宽度计算面积。

5.3.3 定额的应用

[例5-3] 某城市道路长度为3.8 km,设计车行道宽度为14 m,若当地规定路床碾压宽度每侧加宽20 cm,求该工程路床整形工程量。

[解] 根据《道路基层》工程量计算规则(1)得:
$$3\ 800 \times (14 + 0.2 \times 2) = 54\ 720(\text{m}^2)$$

套用定额编号为2-177。

[例5-4] 某道路基层采用石灰、粉煤灰、碎石基层,已知道路长度为1 km,宽度为10 m(按当地规定,基层两侧各加宽0.15 m),基层材料的设计配合比为石灰:粉煤灰:碎石=8:17:75,试求20 cm厚基层的石灰、粉煤灰、碎石的总消耗量。

[解] (1)该基层的面积为
$$1\ 000 \times (10 + 0.15 \times 2) = 10\ 300(\text{m}^2)$$

(2)按《道路基层》定额说明第(4)条可知:当设计与定额取定的材料不同时,可以换算,人工、机械不调整。各种材料消耗量的换算公式为
$$C_i = C_d \times L_i / L_d \tag{5-1}$$

式中 C_i——按设计配合比换算后的材料数量;

  C_d——定额中的材料消耗量;

  L_i——设计配合比中该种材料的百分率;

  L_d——定额配合比中该种材料的百分率。

所以,根据定额2-215,石灰、粉煤灰、碎石的总消耗量调整为

石灰:$3.955 \times (8/10) \times (10\ 300/100) = 325.892(\text{t})$。

粉煤灰:$10.547 \times (17/20) \times (10\ 300/100) = 923.390(\text{m}^3)$。

碎石:$18.909 \times (75/70) \times (10\ 300/100) = 2\ 086.743(\text{m}^3)$。

[例5-5] 某道路工程采用路拌6%水泥稳定碎石基层,厚为18 cm,路拌6%水泥稳定碎石单价为110元/m³,确定定额子目及综合单价。

[解] 按《道路基层》定额说明第(6)条可知,当设计压实厚度在18 cm以内时,在基层厚度15 cm的定额项目上进行调整,则套用的定额子目为:2-263+2-265×3。

$$综合单价 = 2\ 572.92 + 144.86 \times 3 = 3\ 007.5(元/100\ \text{m}^2)$$

[例5-6] 某道路采用20 cm厚石灰土基层,含灰量为10%,拖拉机拌和,环保部门禁止施工现场拌和石灰土,已知基层面积为24 600 m²,试求消解石灰的人工、材料的总消耗量。

[解] 按《道路基层》定额说明第(8)条可知:石灰土路拌法拌和执行小堆沿线消解石灰项目,环保部门禁止施工现场拌和石灰土,均执行集中消解石灰项目。

先套用定额2-191,计算生石灰用量:$3.399 \times 24\ 600/100 = 836.154(\text{t})$。

在套用定额 2-388，可得：

人工：$0.056 \times 836.154 = 46.82$（工日）

水：$1.05 \times 836.154 = 877.96$（$m^3$）

5.4 道路面层

5.4.1 定额说明

（1）本章定额包括沥青表面处治、沥青贯入式路面、透层、黏层、封层、面层等项目。

（2）重铺（整形）就地热再生路面是指再生料与新料分别摊铺一次碾压成型的工艺。加料厚度在 2.0 cm 以内为整形再生，加料厚度在 2.0 cm 以上为重铺再生。复拌就地热再生路面是指再生料与新料拌和后再摊铺一次碾压成型的工艺。

（3）沥青混凝土厂拌冷再生项目不含沥青铣刨料铣刨费用及沥青铣刨料和沥青再生混合料的运输费用，发生时另行计算。沥青铣刨料工程量及沥青铣刨料和沥青再生混合料运输可按表 5-2 计算。

表 5-2　沥青混凝土厂拌冷再生项目沥青铣刨料、沥青再生混合料消耗量表　100 m^2

定额项目		厚度	
		15 cm	每增减 1 cm
材料名称	单位（压实方）	消耗量	
沥青铣刨料	m^3	10.269	0.685
沥青再生混合料	m^3	15.300	1.020

（4）沥青混凝土就地冷再生项目不含沥青铣刨料铣刨费用，发生时另行计算。沥青铣刨料工程量可按表 5-3 计算。

表 5-3　沥青混凝土就地冷再生项目沥青铣刨料、沥青再生混合料消耗量表　100 m^2

定额项目		厚度	
		12 cm	每增减 1 cm
材料名称	单位（压实方）	消耗量	
沥青铣刨料	m^3	8.240	0.687
沥青再生混合料	m^3	12.240	1.020

（5）水泥混凝土路面按预拌混凝土考虑。

（6）水泥混凝土路面按平口考虑，当设计为企口时，按相应项目执行，其中人工乘以系数 1.01，模板摊销量乘以系数 1.05。

（7）水泥混凝土路面的钢筋项目执行《市政工程消耗量定额　第九册　钢筋工程》相应项目。

（8）块料面层路面项目厚度按 10 cm 编制，当设计厚度大于定额取定厚度时，人工按块料面层厚度每增加 1 cm 人工消耗量增加 5% 调整。

(9)喷洒沥青油料中,透层、黏层、封层分别列有石油沥青和乳化沥青两种油料。其中,透层适用于无结合料粒料基层和半刚性基层,黏层适用于新建沥青层、旧沥青路面和水泥混凝土。当设计与定额取定的喷油量不同时,可以调整,人工、机械不调整。

(10)普通沥青混凝土单位比重:细粒式沥青混凝土 2.35 t/m³、中粒式沥青混凝土 2.36 t/m³、粗粒式沥青混凝土 2.37 t/m³、沥青碎石 2.27 t/m³。

(11)沥青铣刨料运输执行多合土运输项目,沥青再生混合料运输执行沥青混凝土运输项目。

5.4.2 工程量计算规则

微课:沥青道路计价工程量计算

(1)道路工程沥青混凝土、水泥混凝土及其他类型路面工程量以设计图示面积计算,不扣除各类井所占面积,但扣除路面相连的平石、侧石、缘石所占的面积。

(2)伸缝嵌缝按设计缝长乘以设计缝深以面积计算。

(3)锯缝机切缩缝、填灌缝按设计图示尺寸以长度计算。

(4)土工布贴缝按混凝土路面缝长乘以设计宽度以面积计算(纵横相交处面积不扣除)。

5.4.3 定额的应用

[例 5-7] 如图 5-1 所示,某城市道路车行道采用机械摊铺 9 cm 粗粒式、3 cm 细粒式沥青混凝土面层结构,若道路长 5 km,试求沥青混凝土面层的工程量,并计算沥青混凝土的数量。

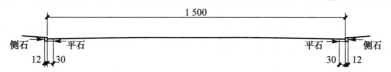

图 5-1 机械摊铺车行道(单位:cm)

[解] (1)按《道路面层》工程量计算规则第(1)条可知,沥青混凝土面层的面积为

$$5\ 000 \times (15 - 0.3 \times 2) = 72\ 000 (m^2)$$

(2)套用定额子目编号 2-432 及 2-433,计算粗粒式沥青混凝土数量为

$$(8.08 + 0.160) \times 72\ 000/100 = 5\ 932.8 (m^3)$$

套用定额子目编号 2-446,计算细粒式沥青混凝土数量为

$$3.03 \times 72\ 000/100 = 2\ 181.6 (m^3)$$

[例 5-8] 某城市道路车行道为 16 cm 厚水泥混凝土路面,已知道路长为 2 km,车行道宽为 10 m,试求水泥混凝土路面工程量及水泥混凝土的总消耗量。

[解] (1)按《道路面层》工程量计算规则第(1)条可知,水泥混凝土路面面积为

$$2\ 000 \times 10 = 20\ 000 (m^2)$$

(2)设 x 为水泥混凝土路面厚度为 16 cm 时所对应的混凝土消耗量,套用定额子目编号 2-450 及 2-451,采用内插法计算:

$$(16 - 15)/(18 - 15) = (x - 15.3)/(18.36 - 15.3)$$

$$x = 16.32\ m^3/100\ m^2$$

水泥混凝土的总消耗量为

$$16.32 \times 2\ 000 = 32\ 640 (m^3)$$

[**例 5-9**] C25 水泥混凝土路面 15 cm 厚，企口，已知钢模板单价为 1 890 元/kg，求综合单价。

[**解**] 按《道路面层》定额说明第(6)条可知，当设计为企口时，按相应项目执行，其中，人工乘以系数 1.01，模板摊销量乘以系数 1.05。

综合单价＝968.38×1.01＋(1−1.05)×1 890＋5 027.99＋232.53＝6 333.08(元/100 m²)

5.5 人行道及其他

5.5.1 定额说明

(1)本章定额包括人行道整形碾压、人行道板安砌、人行道块料铺设、混凝土人行道铺设等项目。

(2)本章定额采用的人行道块料、广场砖、安砌边石等砌料及垫层与设计不同时，材料可以调整，人工、机械不调整。

(3)热熔盲道项目的玻璃珠、热熔涂料定额取定用量与设计不同时，材料可以调整，人工、机械不调整。

(4)人行道整形已包括平均厚度 10 cm 以内的人工挖高填低、整平、碾压。

(5)侧平石安砌项目按直线和弧线综合考虑。

(6)小型构件运输是指单件体积在 0.1 m³ 以内的构件。场内运混凝土(熟料)是指混凝土(熟料)场内转运。

(7)检查井、窨井、雨水进水井升高降低均不包含更换井盖工作内容。发生更换井盖时，执行"更换铸铁井盖"相应项目。

(8)多合土运输考虑了洒水降尘措施，如实际未发生洒水降尘，应扣除洒水车台班数量。

(9)混合料运输项目适用于平均运距在 25 km 以内的道路运输，当平均运距超过 25 km 时，超过部分运距按当地市场运价计算其运输费用。

(10)厂拌石灰土、厂拌石灰粉煤灰土、厂拌石灰碎石(粉煤灰)土、厂拌粉煤灰三渣等半成品的运输执行多合土运输项目；厂拌水泥稳定砂砾、厂拌水泥稳定碎石、厂拌级配碎石、厂拌粉煤灰水泥碎石等半成品的运输执行水泥稳定粒料运输项目。

5.5.2 工程量计算规则

(1)人行道整形碾压面积按设计人行道图示尺寸以面积计算，不扣除树池和各类井所占面积。

(2)人行道板安砌、人行道块料铺设、混凝土人行道铺设、热熔盲道按设计图示尺寸以面积计算，不扣除各类井所占面积，但应扣除侧石、缘石、树池所占面积。

(3)花岗岩人行道板伸缩缝按图示尺寸以长度计算。

(4)侧(平、缘)石垫层区分不同材质，以体积计算。

(5)侧平石、缘石按设计图示中心线长度计算，包括各转弯处的弧形长度。

(6)检查井、雨水井升降以数量计算。

(7)砌筑树池侧石按设计外围尺寸以长度计算。

(8)多合土运输的计量单位为压实方，按体积计算。水泥稳定粒料、沥青混凝土运输按质量计算。

5.5.3 定额的应用

[例5-10] 某道路工程采用 200 mm×100 mm×60 mm 人行道板，下设 M20 水泥砂浆垫层，确定套用的定额子目及综合单价。M15 水泥砂浆材料单价为 198.77 元/m³；M20 水泥砂浆材料单价为 205.89 元/m³。

[解] 套用定额子目为 2-502。

综合单价＝4 681.20＋(205.89－198.77)×2.05＝4 695.80(元/100 m²)

5.6 道路工程施工图预算编制实例

市一环路新建道路工程施工图预算的编制步骤如下：

(1)编制工程量计算书，列项计算工程量。施工图预算列出的分项工程项目与清单项目分解细化出的定额子目一致，施工图预算各分项工程工程量与工程量清单计价的施工工程量一致，因此，施工图预算工程量计算书与工程量清单计价的施工工程量计算书一致。施工图预算书见表5-4。

表 5-4 施工图预算书

施 工 图 预 算 书

工程项目名称：市一环路新建道路工程

预算造价：(小写) _____ 2 177 397.04 元

    (大写) _____ 贰佰壹拾柒万柒仟叁佰玖拾柒元零肆分

编制单位：(全称、盖章)市政建设工程公司

法定代表人：＿＿＿＿＿＿＿＿＿＿＿＿

(签字、盖章)

编制人及职业证号：＿＿＿＿＿＿＿＿＿

(签字、加盖执业专用章)

审核人及执业证号：＿＿＿＿＿＿＿＿＿

(签字、加盖注册造价师执业专用章)

编制时间：   年   月   日

(2)利用计算好的工程量进行定额套项、汇总材料、主材找差、取费、编写说明和封面形成预算报表。其中，将各清单项目综合单价计算表中所有定额子目套用预算定额计费部分汇总即工程预算书(见表5-5～表5-9)。

(3)施工图见附录二道路工程图。

表 5-5　总说明

市一环路新建道路工程

一、工程概况

该工程为新建道路工程，道路全长为 1 000 m，路幅宽度为 22 m，道路车行道宽度为 16 m，两侧人行道每侧宽 3 m。

二、编制依据

1. 市政设计院提供的施工图纸

2. 辽宁省建设工程费用参考标准

三、有关说明

本工程取费标准：管理费、利润分别按直接工程费的 7% 和 4.5% 计取。

四、编制结果

本工程造价为 2 177 397.04 元，详见工程取费表。

表 5-6　工程取费表

工程名称：一环路新建道路工程

序号	项目名称	取费基数	费率	金额
1	直接工程费			1 721 423.43
2	措施项目费	1	5.4	92 956.87
3	企业管理费	1	7	120 499.64
4	利润	1	4.5	77 464.05
5	材料价差			22 033.99
6	规费			70 505.81
6.1	工程定额测定费	1+2+3+4+5	0.12	2 441.25
6.2	社会保障费	1+2+3+4+5	2.28	46 383.82
6.3	住房公积金	1+2+3+4+5	0.54	10 985.64
6.4	危险作业意外伤害保险	1+2+3+4+5	0.4	8 137.51
6.5	工程排污费	730.74×3.5		2 557.59
7	税金	1+2+3+4+5+6	3.445	7 2513.25
8	工程造价	1+2+3+4+5+6+7		2 177 397.04

表 5-7　工程预算书

工程名称：一环路新建道路工程

序号	定额编号	定额名称	工程量	单位	基价	金额
1	1-1	人工挖土方一、二类土	0.467	100 m³	576.3	269.19
2	1-113	135 kW 内推土机推距 40 m 以内一、二类土	0.732	1 000 m³	2 207.448	1 615.41

续表

序号	定额编号	定额名称	工程量	单位	基价	金额
3	1-43	人工运土运距 20 m 内	0.478	100 m³	666	318.348
4	1-368	填土夯实平地	0.478	100 m³	459.213	219.504
5	1-260	装载机装松散土 1 m³	0.731	1 000 m³	1 215.935	888.483
6	1-320	自卸汽车运土(载重 12 t 以内)20 km 以内	0.731	1 000 m³	31 397.161	22 941.906
7	2-1	路床碾压检验	170.318	100 m²	94.153	16 035.879
8	2-182	砂砾石底层(天然级配)人工铺装厚度 20 cm	170.318	100 m²	550.942	93 835.288
9	2-240	路拌机械摊铺水泥 6% 压实厚度 20 cm	170.318	100 m²	1 575.468	268 330.61
10	2-238	路拌机械摊铺水泥 6% 压实厚度 10 cm	161.623	100 m²	933.083	150 807.755
11	2-255	喷洒石油沥青 喷油量 1 kg/m²	161.623	100 m²	231.273	37 379.081
12	2-275	粗粒式沥青混凝土 机械摊铺厚度 6 cm	161.623	100 m²	3 253.73	525 877.568
13	2-283	中粒式沥青混凝土 机械摊铺厚度 4 cm	161.623	100 m²	2 164.354	349 809.374
14	2-312 换	人行道板安砌 砂垫层规格为 25×25×5 cm	57.025	100 m²	3 053.53	174 127.55
15	2-2	人行道整形碾压	57.025	100 m²	60.95	3 475.662
16	2-336	侧缘石垫层 人工铺装混凝土垫层	66.330	m³	193.68	12 846.768
17	2-339 换	侧缘石安砌 石质侧石(立缘石)长度 50 cm	19.604	100 m	2 477.67	48 572.243
18	2-339 换	侧缘石安砌 石质侧石(立缘石)长度 50 cm	0.618	100 m	2 782.17	1 719.381
19	6-1257	现浇混凝土基础垫层木模	6.269	100 m²	1 811.043	11 353.429
合计						1 721 423.43

表 5-8　工料汇总表

工程名称：一环路新建道路工程

材料名称	单位	含量
综合工日	工日	6 910.916
粗粒式沥青混凝土(带炼制费)	m³	979.435
中粒式沥青混凝土	m³	652.957
柴油	kg	18 794.326
电	kW·h	72.793

材料名称	单位	含量
水泥 32.5 MPa	kg	656 062.723
镀锌铁丝 22♯	kg	1.128
木柴	kg	856.602
圆钉	kg	123.687
模板木材	m³	9.059
袋白灰	kg	3 820.502
煤	t	5.334
水	m³	1 653.181
中粗砂	m³	421.687
生石灰	kg	835.735
柴油	t	1.616
汽油	kg	242.279
脱模剂	kg	62.69
石油沥青 60～100♯	t	16.809
砂砾石 5～80 mm	m³	9 962.773
碎石 15 mm	m³	51.419
石质侧石(立缘石)	m	1 989.806
石质侧石(立缘石)(弧形)	m	62.727
人行道板 25 cm×25 cm×5 cm	千块	93.521

表 5-9 主要材料价差表

工程名称：一环路新建道路工程

序号	材料名称	单位	含量	预算价格	市场价	价差	材差
1	砂砾石	m³	9 962.773	11	13	2	19 925.55
2	中粗砂	m³	421.688	17	22	5	2 108.44
	合计	元					22 033.99

习题

一、简答题

1. 道路基层的设计压实厚度超过 10 cm 以上时，如何调整？

2. 多合土基层中各种材料设计配合比与定额配合比不同，如何套用、换算定额？

3. 人行道板安砌工程量计算时，应考虑扣除哪些面积？

4. 道路工程沥青混凝土、水泥混凝土及其他类型路面工程量如何计算？

二、计算题

1. 已知某人工摊铺厚度为 8 cm 的粗粒式沥青混凝土路面，则沥青混凝土的消耗量为多少？

2. 某道路长 1 km，设计车行道宽度为 15 m，当地规定路床碾压宽度按设计车行道宽度每侧加宽 30 cm，以利于路基压实。试求该子目人工、机械使用量。

3. 某道路采用二灰土基层(石灰、粉煤灰、土基层)，厂拌人工摊铺，设计配合比为石灰：粉煤灰：土＝6：70：24，已知该路段基层面积为 42 450 m²，其中各类井位面积共 150 m²，试求厚度为 15 cm 的基层所需的使用量。

4. 某道路工程长为 460 m，混合车行道宽为 15 m，两侧人行道宽各为 3 m，路面结构如图 5-2 所示，甲型路牙，全线雨、污水检查井 24 座，试计算道路基层工程量。

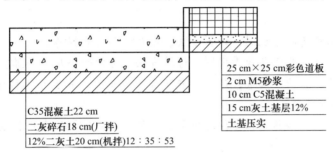

图 5-2　道路结构图(车行道、人行道)

5. 某沥青混凝土路面面层采用 3 cm 细粒式沥青混凝土、4 cm 中粒式沥青混凝土、5 cm 粗粒式沥青混凝土，如图 5-3 所示，该路长为 480 m，宽为 15 m，甲型路牙沿，乙型窨井 25 座，求沥青面层工程量。

图 5-3　道路横断面图

第6章 《市政管网工程》预算定额应用

本章学习要点

1. 管道铺设工程量计算规则、计算方法、定额的套用和换算。

2. 管道基础、垫层工程量计算规则、计算方法、定额的套用和换算。

3. 检查井垫层、基础、砌筑、抹灰、井室盖板、井圈、井盖等工程量计算规则、计算方法、定额的套用和换算。

4. 排水工程模板、钢筋工程量计算规则、计算方法、定额的套用和换算。

引言

某工程雨水管道采用钢筋混凝土管，基础采用钢筋混凝土条形基础，检查井采用砖砌，该工程有哪些项目需要计算工程量？应如何计算？

6.1 册说明

(1)《市政工程消耗量定额 第五册 市政管网工程》(以下简称本册定额)包括管道铺设，管件、阀门及附件安装，管道附属构筑物，措施项目共四章。

(2)本册定额适用于城镇范围内的新建、改建、扩建的市政给水、排水、燃气、集中供热、管道附属构筑物工程。

(3)本册定额是按无地下水考虑的(排泥湿井钢筋混凝土井除外)，有地下水需降水时执行《市政工程消耗量定额 第十一册 措施项目》相应项目；需设排水盲沟时执行《市政工程消耗量定额 第二册 道路工程》相应项目。

(4)本册定额中混凝土养护是按塑料薄膜考虑的，使用土工布养护时，土工布消耗量按塑料薄膜用量乘以系数 0.4，其他不变。

(5)需要说明的有关事项：

1)管道沟槽和给水排水构筑物的土石方执行《市政工程消耗量定额 第一册 土石方工程》相应项目；打拔工具桩、支撑工程、井点降水执行《市政工程消耗量定额 第十册 措施项目》相应项目。

2)管道刷油、防腐、保温和焊缝探伤执行《通用安装工程定额》相应项目。

3)本册定额混凝土管的管径均指公称直径。

(6)本册定额混凝土、砂浆是按预拌考虑的，实际采用现场搅拌混凝土、砂浆执行《市政工程消耗量定额 第九册 钢筋工程》中混凝土、砂浆拌制项目。

6.2 管道铺设

6.2.1 定额说明

（1）本章定额包括管道（渠）垫层及基础、管道铺设、水平导向钻进顶管新旧管连接等项目。

（2）本章管道铺设工作内容除另有说明外，均包括沿沟排管清沟底、外观检查及清扫管材。

（3）本章中管道的管节长度为综合取定。

（4）本章管道安装不包括管件（三通弯头、异径管）阀门的安装。管件、阀门安装执行本册第二章相应项目。

（5）本章管道铺设采用胶圈接口时，如管材为成套购置，即管材单价中已包括胶圈价格，胶圈价格不再计取。

（6）在沟槽土基上直接铺设混凝土管道时，人工、机械乘以系数1.18。

（7）混凝土管道需满包混凝土加固时，满包混凝土加固执行现浇混凝土枕基项目，人工、机械乘以系数1.2。

（8）预制钢套钢复合保温管安装：

1）预制钢套钢复合保温管的管径为内管公称直径。

2）预制钢套钢复合保温管安装不包括接口绝热、外套钢接口制作安装和防腐工作内容。外套钢接口制作安装执行本册第二章相应项目，接口绝热防腐执行《通用安装工程定额》相应项目。

（9）顶管工程：

1）挖工作坑、回填执行《市政工程消耗量定额 第一册 土石方工程》相应项目；支撑安装拆除执行《市政工程消耗量定额 第十一册 措施项目》相应项目。

2）工作坑垫层、基础执行本章相应项目，人工乘以系数1.1，其他不变。

3）顶管工程按无地下水考虑，遇地下水排（降）水费用另行计算。

4）顶管工程中钢板内外套环接项目，仅适用于设计要求的永久性套环管口。顶进中为防止错口，在管内接口处设置的工具式临时性钢胀圈不应套用。

5）顶进断面大于 4 m² 的方（拱）涵工程，执行《市政工程消耗量定额 第三册 桥涵工程》相应项目。

6）单位工程中，管径 1 650 mm 以内敞开式顶进总长度在 100 m 以内或封闭式顶进（不分管径）总长度在 50 m 以内时，顶进相应项目人工、机械乘以系数1.3。

7）顶进定额仅包括土方出坑，不包括土方外运费用。

8）顶管采用中继间顶进时，顶进定额中的人工、机械按调整系数分级计算。

（10）新旧管线连接管径是指新旧管中的最大管径，定额中仅包括管道本身接头安装费用。

（11）本章中石砌体均按块石考虑，如采用片石或平石，项目中的块石和砂浆用量分别乘以系数1.09和1.19，其他不变。

（12）现浇混凝土方沟底板，执行管道（渠）基础中平基相应项目。

（13）拱（弧）型混凝土盖板的安装，按相应矩形板子目人工、机械乘以系数1.15。

（14）钢丝网水泥砂浆接口均不包括内抹口，如设计要求内抹口，按抹口周长每100 m增加水泥砂浆0.042 m²、9.22工日计算。

（15）套管内的管道铺设按相应的管道安装人工机械乘以系数1.2。

（16）闭水试验、试压、吹扫：

1）液压试验、气压试验、气密性试验，均考虑了管道两端所需的卡具、盲（堵）板，临时管线用的钢管、阀门、螺栓等材料的摊销量，也包括了一次试压的人工、材料和机械台班的耗用量。

2）闭水试验、液压试验是按水考虑的，如试压介质有特殊要求，介质可按实调整。

3）试压水如需加温，热源费用及排水设施另行计算。

4）井、池渗漏试验注水采用电动单级离心清水泵，定额中已包括泵的安装与拆除用工。

（17）企口管的膨胀水泥砂浆接口和石棉水泥接口适用于360°，其他接口均是按管座120°和180°列项的。如管座角度不同，按相应材质的接口做法，以管道接口调整表进行调整（见表6-1）。

表6-1　管道接口调整表

序号	项目名称	实做角度	调整基数或材料	调整系数
1	水泥砂浆抹带接口	90°	120°定额基价	1.330
2	水泥砂浆抹带接口	135°	120°定额基价	0.890
3	钢丝网水泥砂浆抹带接口	90°	120°定额基价	1.330
4	钢丝网水泥砂浆抹带接口	135°	120°定额基价	0.890
5	企口管膨胀水泥砂浆抹带接口	90°	定额中1：2水泥砂浆	0.750
6	企口管膨胀水泥砂浆抹带接口	120°	定额中1：2水泥砂浆	0.670
7	企口管膨胀水泥砂浆抹带接口	135°	定额中1：2水泥砂浆	0.625
8	企口管膨胀水泥砂浆抹带接口	180°	定额中1：2水泥砂浆	0.500
9	企口管石棉水泥接口	90°	定额中1：2水泥砂浆	0.750
10	企口管石棉水泥接口	120	定额中1：2水泥砂浆	0.670
11	企口管石棉水泥接口	135°	定额中1：2水泥砂浆	0.625
12	企口管石棉水泥接口	180°	定额中1：2水泥砂浆	0.500

（18）本章内容除各节另有说明外，均包括沿沟排管50 mm以内的清沟底、外观检查及清扫管材。

（19）其他有关说明：

1）新旧管道连接、闭水试验、试压消毒冲洗、井、池渗漏试验不包括排水工作内容，排水应按批准的施工，组织设计另行计算。

2）新旧管道连接工作坑的土方执行《市政工程消耗量定额 第一册 土石方工程》相应项目；马鞍卡子、盲板安装执行本册第二章相应项目。

3）预应力（自应力）混凝土管安装（胶圈接口）项目仅适用于给水管道铺设工程。

6.2.2 工程量计算规则

(1)管道(渠)垫层和基础按设计图示尺寸以体积计算。

(2)排水管道铺设工程量,按设计井中至井中的中心线长度扣除井的长度计算(见表6-2)。

表6-2 每座井扣除长度表

检查井规格/mm	扣除长度/m	检查井规格	扣除长度/m
$\phi 700$	0.40	各种矩形井	1.00
$\phi 1\ 000$	0.70	各种交汇井	1.20
$\phi 1\ 250$	0.95	各种扇形井	1.00
$\phi 1\ 500$	1.20	圆形跌水井	1.60
$\phi 2\ 000$	1.70	矩形跌水井	1.70
$\phi 2\ 500$	2.20	阶梯式跌水井	按实扣

(3)给水管通铺设工程量按设计管通中心线长度计算(支管长度从主管中心开始计算到支管末端交接处的中心),不扣除管件、阀门、法兰所占的长度。

(4)燃气与集中供热管道铺设工程量按设计管道中心线长度计算,不扣除管件阀门、法兰、煤气调长器、补偿器所占的长度。

微课:管道定额计价
工程量计算

(5)水平导向钻进定额项目,钻导向孔及扩孔工程量按延长米计算,长度按两个工作坑之间的弧线长度计算,回拖布管工程量按延长米计算,长度按钻孔导向孔长度加1.5m计算。如在一孔内同时布置回拖布管2根及2根以上(以下称群管)时,扩孔、回拖布管的孔径按群管的外接圆的直径计算,回拖布管群管按一次计算,并相应调整定额的管材消耗量(调整方法是:按设计图示的根数调整,即消耗量乘以根数2或3或4)。水平定向钻进项目是按钻进钢管编制的,如钻进塑料管时,主材可以换算,回拖布管的定额管材消耗量按10.2 m计算。

(6)顶管:

1)各种材质管道的顶管工程量,按设计顶进长度计算。

2)顶管接口应区分接口材质分别以实际接口的个数或断面面积计算。

(7)新旧管连接时,管道安装工程量计算到碰头的阀门处,阀门及与阀门相连的承(插)盘短管、法兰盘的安装均包括在新旧管连接内,不再另行计算。

(8)渠道沉降缝应区分材质按设计图示尺寸以面积或铺设长度计算。

(9)混凝土盖板的制作安装按设计图示尺寸以体积计算。

(10)混凝土排水管道接口区分管径和做法,以实际接口个数计算。

(11)方沟闭水试验的工程量,按实际闭水长度乘以断面面积以体积计算。

(12)管道闭水试验,以实际闭水长度计算,不扣除各种井所占长度。

(13)各种管道试验吹扫的工程量均按设计管道中心线长度计算,不扣除管件、阀门、法兰、煤气调长器、补偿器等所占的长度。

(14)井、池渗漏试验,按井、池容量以体积计算。

(15)防水工程:

1)各种防水层按设计图示尺寸以面积计算,不扣除0.3 m²以内孔洞所占面积。

2)平面与立面交接处的防水层，上卷高度超过 500 mm 时，按立面防水层计算。

(16)各种材质的施工缝填缝及盖缝不分断面面积按设计长度计算。

(17)警示(示踪)带按铺设长度计算。

(18)塑料管与检查井的连接按砂浆或混凝土的成品体积计算。

(19)埋地钢管使用套管时(不包括顶进的套管)，按套管管径执行同一安装项目。套管封堵的材料费可按实际耗用量调整。

6.2.3　定额的应用

[例 6-1]　某污水管道工程 7#～8# 管段，长为 40 m，已知管材为 φ1 200 钢筋混凝土企口管，单节管长为 2 m，采用开槽埋管法施工，混凝土平基，基础厚度为 0.87 m，宽为 1.74 m；石棉水泥接口，须做闭水试验，矩形井，试求该管段、排管、接口、闭水试验的工程量。

[解]　(1)按本章工程量计算规则第(1)条可知，管道基础工程量为 $40 \times 0.87 \times 1.74 = 60.55 (m^3)$，套用定额 5-742 [混凝土平基]。

(2)按本章工程量计算规则第(2)条可知，管道铺设工程量为：$40 - 1 \times 2 = 38 (m)$，套用定额 5-19(企口式混凝土管铺设 φ1 200 以内)。

(3)按本章工程量计算规则第(10)条可知，管道接口工程量为：$38/2 - 1 = 18 (个)$，套用定额 5-853(石棉水泥接口 φ1 200 以内)。

(4)按本章工程量计算规则第(12)条可知，7#～8# 管段单独做闭水试验，其工程量应为：$40 + 1 \times 2 = 42 (m)$，套用定额 5-989(管道闭水试验 φ1 200 以内)。

[例 6-2]　排水管道管径 50 mm 采用 135°水泥砂浆接口，确定套用定额的定额子目及综合单价。

[解]　套用定额子目为 5-757。

$$综合单价 = 62.49 \times 0.89 = 55.61 (元/10 个口)$$

[例 6-3]　DN600 钢筋混凝土平口管道(135°管基)，接口采用 1∶2.5 水泥砂浆抹带接口(内外抹口)，已知 10 个接口的内抹口周长为 18.84 m，确定套用的定额子目及综合单价(注：人工单价：43 元/工日；水泥砂浆：210.26 元/m³)。

[解]　套用定额子目：5-758，按本章定额说明第(14)条可知，钢丝网水泥砂浆接口均不包括内抹口，如设计要求内抹口，按抹口周长每 100 m 增加水泥砂浆 0.042 m²、9.22 工日计算。

$$综合单价 = 70.38 \times 0.89 + (0.042 \times 210.26 + 9.22 \times 43) \times 18.84/100 = 139 (元/10 个口)$$

6.3　排水工程施工图预算编制实例

(1)编制工程量计算书，列项计算工程量。施工图预算列出的分项工程项目与清单项目分解细化出的定额子目一致，施工图预算各分项工程工程量与工程量清单计价的施工工程量一致，因此，施工图预算工程量计算书与工程量清单计价的施工工程量计算书一致。施工图预算书见表 6-3。

(2)利用计算好的工程量进行定额套项、工料汇总、主材找差、取费、编写说明和封面形成预算报表。其中，将各清单项目综合单价计算表中所有定额子目套用预算定额计费部分汇总即工程预算书(见表 6-4～表 6-8)。施工图见附录三排水工程图，详细工程内容见第12 章排水工程实例。

表 6-3　施工图预算书

施 工 图 预 算 书

工程项目名称：市一环路新建排水管道工程

预算造价：(小写) _____80 372.43_____

　　　　　(大写) _____捌万零叁佰柒拾贰元肆角叁分_____

编制单位：_____

　　　　　　　　　　　(全称、盖章)

法定代表人：_____

　　　　　　　　　　　(签字、盖章)

编制人及执业证号：_____

　　　　　　　　　　　(签字、加盖执业专用章)

审核人及执业证号：_____

　　　　　　　　　　　(签字、加盖注册造价师执业专用章)

编制日期：　　　　年　　　月　　　日

表 6-4　总说明

<table>
<tr><td>
一、工程概况
　　排水管道为新建雨水管道，排水主管道采用钢筋混凝土管 D500，排水支管道采用钢筋混凝土管 D300，雨水检查井
5 座，雨水进水井 10 座。
二、编制依据
1. 市政设计院提供的施工图纸
2. 辽宁省建设工程费用参考标准
三、有关说明
本工程取费标准：管理费、利润分别按人工费的 28% 和 18% 计取。
四、编制结果
本工程造价为 80 372.43 元，详见工程取费表。
</td></tr>
</table>

表 6-5　工程取费表

工程名称：一环路新建排水管道工程

序号	项目名称	取费基数	费率/%	金额/元
1	直接工程费			58 943.884
1.1	其中：直接工程费中的人工费			19 758.923
2	措施项目费	1.1	28	5 532.50
3	企业管理费	1.1	28	5 532.50
4	利润	1.1	18	3 556.61
5	材料价差			1 248.13
6	规费			2 882.19
6.1	工程定额测定费	1+2+3+4+5	0.12	89.78
6.2	社会保障费	1+2+3+4+5	2.29	1 713.23
6.3	住房公积金	1+2+3+4+5	0.54	403.99
6.4	危险作业意外伤害保险	1+2+3+4+5	0.4	299.25
6.5	工程排污费	107.41×3.5		107.41×3.5
7	税金	1+2+3+4+5+6	3.445	2 676.62
8	工程造价	1+2+3+4+5+6+7		80 372.43

表 6-6　工程预算书

工程名称：一环路新建排水管道工程

序号	定额编号	定额名称	工程量	单位	基价/元	其中人工费/元	金额/元
1	1-4	人工挖沟、槽土方一、二类土（2 m 以内）	0.458	100 m²	1 080	495.072	495.072
2	1-236	反铲挖掘机（斗容量 1.0 m³）不装车一、二类土	0.413	1 000 m³	1 956.955	74.255	807.303
3	1-5	人工挖沟、槽土方一、二类土（4 m 以内）	1.626	100 m³	1 407.6	2 288.476	2 288.476

序号	定额编号	定额名称	工程量	单位	基价/元	其中人工费/元	金额/元
4	1-236	反铲挖掘机(斗容量 1.0 m³)不装车一、二类土	1.463	1 000 m³	1 956.955	263.376	2 863.416
5	1-369	填土夯实槽、坑	19.767	100 m³	597.141	8 183.704	11 803.925
6	1-260	装载机装松散土 1 m³	0.107	1 000 m³	1 215.935	19.334	130.604
7	1-320	自卸汽车运土(载重 12 t 以内)20 km 以内	0.107	1 000 m³	31 397.161		3 372.055
8	6-18	定型混凝土管平接(企口)式管道基础(180°)D300 mm 以内	0.916	100 m	2 162.024	733.963	1 980.414
9	6-52 换	平接(企口)式混凝土管道铺设人工下管 D300 mm 以内	0.916	100 m	3 406.05	344.462	3 119.942
10	6-123	排水管平(企)水泥砂浆接口(180°管基)D300 mm 以内	4.600	10 个口	35.37	121.44	162.7
11	6-20	定型混凝土管平接(企口)式管道基础(180°)D500 mm 以内	1.972	100 m	3 597.022	2 631.614	7 093.328
12	6-54 换	平接(企口)式混凝土管道铺设人工下管 D500 mm 以内	1.972	100 m	6 643.44	1 150.544	13 100.864
13	6-125	排水管平(企)水泥砂浆接口(180°管基)D500 mm 以内	9.900	10 个口	45.441	308.88	449.867
14	6-401	砖砌圆形雨水检查井径 1 000 mm,适用管径 200～600 mm,井深 2.5 m 内	5.000	座	701.963	1 222.05	3 509.815
15	6-532	砖砌雨水进水井 单平算(680×380)井深 1.0 m	10.000	座	358.548	929.7	3 585.485
16	6-1 257	现浇混凝土基础垫层木模	2.130	100 m²	1 811.043	785.203	3 857.522
17	6-1 352	木制井字架井深 2 m 以内	2.000	座	41.952	52.14	83.904
18	6-1 353	木制井字架井深 4 m 以内	3.000	座	79.626	154.71	238.879
合计						19 758.923	58 943.884

表 6-7 工料汇总表

工程名称:一环路新建排水管道工程

材料名称	单位	用量	材料名称	单位	用量
综合工日	工日	684.364	中粗砂	m³	21.985
柴油	kg	554.062	铸铁井盖井座	套	5
电	kW·h	2 660.17	铸铁爬梯	kg	93.425
水泥 32.5 MPa	kg	15 735.348	草袋	个	68.463

材料名称	单位	用量	材料名称	单位	用量
镀锌铁丝 22#	kg	0.383	中砂(干净)	m³	5.5
镀锌铁丝 10#	kg	23.311	煤焦沥青漆 L01-17	kg	9.92
木脚手杆	m³	0.011	脱模剂	kg	21.3
木脚手板 5 cm	m³	0.01	铸铁雨水平箅	套	10.1
圆钉	kg	42.025	碎石 40 mm	m³	31.651
模板木材	m²	3.078	碎石 20 mm	m³	1.847
橡胶管	m	4.374	焊接钢管 DN40	m	0.087
水	m³	83.861	钢筋混凝土管 Φ300	m	92.516
机砖	千块	9.485	钢筋混凝土管 Φ500	m	199.172

表 6-8　主要材料价差表

工程名称：一环路排水管道工程

序号	材料名称	单位	含量	预算价	市场价	价差	材差
1	机砖	千块	9.485	120	240	120	1 138.2
2	中粗砂	m³	21.985	17	22	5	109.925
合计							1 248.13

 习题

一、简答题

1. 排水管道基础、垫层、管道铺设工程量计算时，是否需扣除检查井所占长度？管道用水试验工程量计算时，是否需扣除检查井所占长度？

2. 管道管座角度如果与定额不同，在套用管道接口定额时，如何换算？

3. 塑料管道铺设定额子目综合单价是否包括橡胶圈的费用？

4. 某排水管道基础采用钢筋混凝土条形基础，施工时均采用木模，试分别确定管道平基、管座模板套用的定额子目。

二、计算题

1. D1 500 钢筋混凝土平口管，采用钢丝网水泥砂浆接口(120°管基)，确定套用的定额子目及综合单价。

2. D1 500 钢筋混凝土平口管，采用钢丝网水泥砂浆接口(180°管基)，设计要求内抹口，确定套用的定额子目及综合单价。

第7章 《桥涵工程》预算定额应用

本章学习要点

1. 打桩工程工程量计算规则、计算方法、定额的套用和换算。
2. 钻孔灌注桩工程工程量计算规则、计算方法、定额的套用和换算。
3. 砌筑工程工程量计算规则、计算方法、定额的套用和换算。
4. 钢筋工程工程量计算规则、计算方法、定额的套用和换算。
5. 现浇混凝土、预制混凝土工程工程量计算规则、计算方法、定额的套用和换算。

引言

某桥台基础共设 20 根 C30 预制钢筋混凝土方桩,自然地坪标高为 0.5 m,桩顶标高为 —0.3 m,设计桩长 18 m(包括桩尖),每根桩分 2 节预制,陆上打桩,采用焊接接桩,计算打桩、接桩与送桩工程量,并确定套用的定额子目及综合单价。

7.1 册说明

(1)《市政工程消耗量定额 第三册 桥涵工程》(以下简称本册定额),包括桩基、基坑与边坡防护、现浇混凝土、预制混凝土、砌筑、立交箱涵、钢结构、装饰、其他等工程共九章。

(2)本册定额适用范围:

1)城镇范围内的桥梁工程。

2)单跨 5 m 以内的各种板涵。拱涵工程(圆管涵执行《市政工程消耗量定额 第五册 市政管网工程》相应项目,其中管道铺设及基础项目人工、机械费乘以系数 1.25)。

3)穿越城市道路及铁路的立交箱涵工程。

(3)本册定额有关说明:

1)预制混凝土及钢筋混凝土构件均属现场预制。不适用于独立核算、执行产品出厂价格的构件厂所生产的构配件。

2)本册定额混凝土砂浆是按预拌考虑的,实际采用现场搅拌混凝土砂浆执行《市政工程消耗量定额 第九册 钢筋工程》中混凝土砂浆拌制项目。

3)本册定额中提升高度按原地面标高至梁底标高 8 m 为界,若超过 8 m,可另行计算超高费。

①现浇混凝土模板项目按提升高度不同将全桥划分为若干段,以超高段承台顶面以上混凝土模板工程量,按表 7-1 调整相应定额中人工、起重机械台班的消耗量分段计算。

②陆上安装梁按表 7-1 调整相应定额中的人工及起重机械台班的消耗量分段计算。

表 7-1   人工及起重机械台班的消耗量

项目	现浇混凝土模板、陆上安装梁	
	人工	起重机械
提升高度 H/m	消耗量系数	消耗量系数
H＜15	1.10	1.25
H≤22	1.25	1.60
H＞22	1.50	2.00

③本册定额中河道水深取定为 3 m，若水深＞3 m，应另行计算。当超高及水深＞3 m 时，超过部分增加费用按实计算。

④本册定额中均未包括各类操作脚手架，发生时套用《市政工程消耗量定额 第十一册 措施工程》相关项目。

7.2   桩   基

7.2.1   定额说明

(1)本章定额包括钢筋混凝土方桩、钢筋混凝土管桩、钢管桩埋设、钢护筒旋挖钻机钻孔、回旋钻机钻孔、冲击式钻机钻孔、卷扬机带冲抓锥冲孔、泥浆制作、灌注桩混凝土、人工挖孔桩、灌注桩后注浆截桩头、声测管等项目。

(2)本章项目不包括桩基施工中遇到障碍必须清除的工作，发生时另行计算。

(3)打桩土质类别综合取定。本章定额是按打直桩编制的，如打斜桩(包括俯打、仰打)斜率在 1∶6 以内时，人工乘以系数 1.33，机械乘以系数 1.43。

(4)船上打桩定额按两艘船只拼搭、捆绑考虑。

(5)陆上、支架上、船上打桩项目均未包括运桩。

(6)送桩定额按送 4 m 为界，如实际超过 4 m，按相应项目乘以下列调整系数：

1)送桩 5 m 以内乘以系数 1.2；

2)送桩 6 m 以内乘以系数 1.5；

3)送桩 7 m 以内乘以系数 2.0；

4)送桩 7 m 以上，以调整后 7 m 为基础，每超过 1 m 递增系数 0.75。

(7)打钢管桩项目不包括接桩费用，如发生接桩按实际接头数量套用钢管桩接桩定额；打钢管桩送桩，按相应打桩项目调整计算：不计钢管桩主材，人工、机械数量乘以系数 1.9。

(8)打桩机械场外运输费可另行计算。

(9)本章项目钻孔的土质分类按现行国家标准《岩土工程勘察规范(2009 年版)》(GB 50021—2001)和《工程岩体分级标准》(GB/T 50218—2014)划分。

(10)成孔按孔径、深度和土质划分项目，若超过定额使用范围，应另行计算。

(11)埋设钢护筒项目。钢护筒按摊销量计算，若钢护筒无法拔出，经建设单位签证后，可按钢护筒实际用量(若不能确定实际用量可参考表7-2计算)一次摊销计算(同时扣除定额消耗量)。

表7-2　钢护筒实际用量

桩径/mm	800	1 000	1 200	1 500	2 000
每米护筒质量/(kg·m^{-1})	155.06	184.87	285.93	345.09	554.60

(12)灌注桩混凝土均按水下混凝土导管倾注考虑，采用非水下混凝土时混凝土材料可抽换。项目已包括设备(如导管等)摊销，混凝土用量中均已包括充盈系数和材料损耗(见表7-3)。

表7-3　充盈系数和材料损耗

项目名称	充盈系数	损耗率/%
回旋(旋挖)钻孔	1.20	1
冲击钻孔	1.25	1
冲抓钻孔	1.30	1

(13)本章项目未包括：钻机场外运输、泥浆池制作、泥浆处理及外运，其费用可另行计算。

7.2.2　工程量计算规则

(1)打桩：

1)钢筋混凝土方桩按桩长度(包括桩尖长度)乘以桩截面面积以体积计算。

2)钢筋混凝土管桩按桩长度(包括桩尖长度)乘以桩截面面积以体积计算，空心部分体积不计。

微课：打桩平台搭设
工程量计算

3)钢管桩按成品桩考虑，以吨计算。

(2)焊接桩型钢用量可按实调整。

(3)送桩：

1)陆上打桩时，以原地面平均标高增加1 m为界线，界线以下至设计桩顶标高之间的打桩实体积为送桩工程量。

2)支架上打桩时，以当地施工期间的最高潮水位增加0.5 m为界线，界线以下至设计桩顶标高之间的打桩实体积为送桩工程量。

3)船上打桩时，以当地施工期间的平均水位增加1 m为界线，界线以下至设计桩顶标高之间的打桩实体积为送桩工程量。

(4)灌注桩：

1)回旋钻机钻孔、冲击式钻机钻孔、卷扬机带冲抓锥冲孔的成孔工程量按设计入土深度以米计算。回旋钻机钻孔、冲击式钻机钻孔设计深度在20 m以内时，执行深20 m以内相应定额；设计深度超过20 m时，超过部分执行孔深20 m以上定额项目。项目的孔深是指原地面(水上指工作平台顶面)至设计桩底的深度。成孔项目同一孔内的不同土质，无论其所在的深度如何，均执行总孔深定额。

旋挖钻机钻孔按设计入土深度乘以桩截面面积以体积计算。

2)泥浆制作按桩成孔工程量,以体积计算。

3)灌注桩水下混凝土工程量按设计桩长增加1.0 m乘以设计桩径截面面积以体积计算。

4)灌注桩后注浆工程量计算按设计注浆量计算,注浆管管材费用另计,但利用声测管注浆时不得重复计算。

5)声测管工程量按设计数量计算。

(5)台与墩或墩与墩之间不能连续施工时(如不能断航、断交通或拆迁工作不能配合),每个墩、台可计一次组装、拆卸柴油打桩架及设备运输费。

7.2.3 定额应用

[例7-1] 某桥台基础共设20根C30预制钢筋混凝土方桩,如图7-1所示,自然地坪标高为0.5 m,桩顶标高为-0.3 m,设计桩长为18 m(包括桩尖),每根桩分2节预制,陆上打桩,采用焊接接桩,计算打桩、接桩与送工程量,并确定套用的定额子目及综合单价。

[解] 根据本章工程量计算规则:

(1)打桩:

$V = 0.4 \times 0.4 \times 18 \times 20 = 57.6$(m)。

套用定额3-1;综合单价=3 867.06元/10 m³

(2)接桩:

$n = 20$(个)套用定额3-17。

综合单价=425.88元/个。

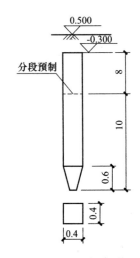

图7-1 钢筋混凝土方桩(单位:m)

(3)送桩:

$V = 0.4 \times 0.4 \times (0.5 + 1 + 0.3) \times 20 = 5.76$(m³)。

套用定额3-26;综合单价=2 808.21元/10 m³。

定额见表7-4~表7-6。

表7-4 三、钢筋混凝土方桩

1. 预制方桩

工作内容:混凝土浇筑、捣固、抹平、养生等。 计量单位:10 m³

清单编号		001001
定额编号		3-1
项目		预制方桩
		混凝土
综合单价/元		3 867.06
其中	人工费/元	240.84
	材料费/元	3 587.69
	机械费/元	—
	综合费用/元	38.53
名称	单位	消耗量
人工 合计工日	工日	2.691

清单编号			001001
定额编号			3-1
材料	预拌混凝土 C30	m³	10.100
	无纺土工布	m²	3.890
	电	kW·h	8.686
	水	m³	7.370

表 7-5　1. 方桩接桩

工作内容：浆锚接桩：对接、校正；安装夹箍及拆除；熬制及灌注硫磺胶泥等。焊接桩：对接、校正；垫铁片；安角铁，焊接等。法兰接桩：上下对接、校正；垫铁片；上螺栓、绞紧；焊接等。　　　　　　　　　　　　计量单位：个

清单编号		001016	001017	001018	001019
定额编号		3-16	3-17	3-18	3-19
项目		方桩接桩			
		浆锚接桩	焊接桩	法兰接桩	环氧树脂
综合单价/元		189.59	425.88	229.08	289.3
其中	人工费/元	44.81	67.68	47.38	86.1
	材料费/元	5.43	226.32	80	15.81
	机械费/元	113.95	104.36	81.14	149.67
	综合费用/元	25.4	27.52	20.56	37.72
名称	单位	消　耗　量			
人工 合计工日	工日	0.435	0.657	0.46	0.916
材料 板枋材	m³	0.002	—	—	—
硫磺胶泥	kg	12.850	—	—	—
木柴	kg	0.500	—	—	—

表 7-6　4. 方桩送桩

工作内容：准备工作；安装、拆除选桩帽、送桩杆；打送桩；安置或更换衬垫；移为桩架；刻量、记录等。

计量单位：10 m³

清单编号		001023	001024	001025	001026	001027	001028
定额编号		3-23	3-24	3-25	3-26	3-27	3-28
项目		方桩送桩 8 m<L≤16 m			方桩送桩 16 m<L≤24 m		
		陆上	支架上	船上	陆上	支架上	船上
综合单价/元		2 892.94	3 161.44	3 969.34	2 808.21	2 996.93	3 861.46
其中	人工费/元	508.03	632.84	590.79	461.54	506.75	700.9
	材料费/元	229.82	229.82	229.82	312.32	312.32	312.3
	机械费/元	1 787.77	1 894.42	2 632.93	1 690.09	1 807.57	2 358.66
	综合费用/元	367.32	404.36	515.80	344.26	370.29	489.54
名称	单位	消　耗　量					
人工 合计工日	工日	5.531	6.732	6.285	4.910	5.391	7.457

清单编号			001023	001024	001025	001026	001027	001028
定额编号			3-23	3-24	3-25	3-26	3-27	3-28
材料	桩帽	kg	8.130	8.130	8.130	10.830	10.830	10.830
	送桩帽	kg	18.760	18.760	18.760	25.020	25.020	25.020
	硬缺木	m³	0.010	0.010	0.010	0.020	0.020	0.020
	草纸	kg	5.000	5.000	5.000	5.000	5.000	5.000
机械	履带式起重机 15 t	台班	0.450	0.458	—	0.422	0.452	—
	木驳船装载质量 50 t	t·d	—	—	331.760	—	—	—
	木驳船装载质量 80 t	t·d	—	—	—	—	—	207.350
	履带式柴油打桩机 5 t	台班	0.794	0.849	0.994	0.752	0.804	1.022

[例 7-2] 某工程在支架上打钢筋混凝土板桩、斜桩，桩截面面积为 0.09 m²，桩长为 10 m(包括桩尖)，共计 12 根桩。施工期间最高潮水位标高为 1.5 m，设计桩顶标高为 −3.5 m，计算该工程打桩的工程量，并确定套用的定额子目及综合单价。

[解] (1)打桩工程量 = 0.09 × 10 × 12 = 10.8(m³)。

根据本章定额说明第(3)条可知：如打斜桩(包括俯打、仰打)斜率在 1:6 以内时，人工乘以系数 1.33，机械乘以系数 1.43。

套用定额：3-265。

综合单价 = 2 011.09 + 491.79 × (1.33−1) + 1 178.39 × (1.43−1) = 2 680(元/10 m³)

定额见表 7-7。

表 7-7 2. 打钢筋混凝土板桩

工作内容：准备工作；打拔导桩、安拆导向夹桩；移动桩架；捆桩、吊桩、就位、打桩、校正；安置或更换衬垫；刻量、记录等。

计量单位：10 m³

清单编号			002002	002003	002004	002005	002006	002007
定额额号			3-261	3-262	3-263	3-264	3-265	3-266
项目			打钢筋混凝土板桩 L≤8 m			打钢筋混凝土板桩 L≤12 m		
			陆上	支架上	船上	陆上	支架上	船上
综合单价/元			2 253.63	2 673.59	3 036.81	1 734.99	2 011.09	1 935.6
其中	人工费/元		491.79	639.29	1 010.12	378.35	491.79	558.66
	材料费/元		55.23	55.51	55.78	73.32	73.69	74.05
	机械费/元		1 403.38	1 617.68	1 559.73	1 054.12	1 178.39	1 046.12
	综合费用/元		303.23	361.11	411.18	229.20	267.22	256.77
名称		单位	消耗量					
人工	合计工日	工日	5.232	6.801	10.746	4.025	5.232	5.943
材料	钢筋混凝土板桩	m³	(10.100)	(10.100)	(10.100)	(10.100)	(10.100)	(10.100)
	桩帽	kg	7.070	7.070	7.070	10.600	10.600	10.600
	硬垫木	m³	0.010	0.010	0.010	0.010	0.010	0.010
	白棕绳 φ40	kg	0.900	0.900	0.900	0.900	0.900	0.900
	草纸	kg	2.500	2.500	2.500	2.500	2.500	2.500
	其他材料费	元	0.27	0.55	0.82	0.36	0.73	1.09

清单编号			002002	002003	002004	002005	002006	002007
定额额号								
机械	履带式起重机15 t	台班	0.705	0.813	—	0.616	0.726	—
	轨道式柴油打桩机1.2 t	台班	1.286	1.482	1.960	—	—	—
	轨道式柴油打桩机1.8 t	台班	—	—	—	0.770	0.825	1.090
	木驳船装载质量50 t	t·d	—	—	89.000	—	—	82.000

[**例 7-3**]　某工程在支架上打钢管桩，桩径为 $\phi609.60$，桩长为 36 m，施工期间最高潮水位标高为 1 m，设计桩项标高为 -2 m，确定该工程送桩套用的定额子目及综合单价。

[**解**]　根据本章定额说明第(7)条可知：打钢管桩送桩，按相应打桩项目调整计算：不计钢管桩主材，人工、机械数量乘以系数 1.9，则

套用定额：3-67。

综合单价 $=3\,370.70+601.69\times(1.9-1)+2\,199.16\times(1.9-1)=5\,891.47$（元/10 t）。

定额见表 7-8。

表 7-8　三、钢管桩

1. 打钢管桩

工作内容：准备工作；安拆桩帽；捆桩、吊桩、就位、打桩、校正；移动桩架；安置或更换衬垫；测量、记录等。

计量单位：10 t

清单编号			003001	003002	003003	003004	003005	003006
定额编号			3-63	3-64	3-65	3-66	3-67	3-68
项目			打钢管桩 $\phi406.40$ mm			打钢管桩 $\phi609.60$ mm		
			$L\leqslant30$ m	$L\leqslant50$ m	$L\leqslant70$ m	$L\leqslant30$ m	$\leqslant50$ m	$L\leqslant70$ m
综合单价/元			4 669.57	4 046.67	3 683.04	4 363.48	3 370.70	312.91
其中	人工费/元		1 054.21	840.75	800.20	738.67	601.69	574.71
	材料费/元		57.46	95.20	143.04	105.24	121.72	169.36
	机械费/元		2 921.74	2 565.69	2 251.52	2 932.22	2 199.16	2 135.1
	综合费用/元		636.16	545.03	488.28	587.35	448.13	433.5
名称		单位	消耗量					
人工	合计工日	工日	11.215	8.944	8.513	7.858	6.401	6.14
材料	钢管桩	t	(10.100)	(10.100)	(10.100)	(10.100)	(10.100)	(10.10)
	桩帽	kg	5.560	12.960	22.340	9.730	12.960	22.34
	硬垫木	m³	0.020	0.020	0.020	0.046	0.046	0.046
	白棕绳 $\phi40$	kg	0.900	0.900	0.900	0.900	0.900	0.90
	草纸	kg	2.500	2.500	2.500	2.500	2.500	2.50
机械	履带式起重机15 t	台班	1.116	0.980	0.860	1.120	0.840	0.740
	履带式柴油打桩机5 t	台班	1.116	0.980	0.860	1.120	0.840	—
	风割机	台班	1.116	0.980	0.860	1.120	0.840	0.740
	阀带式柴油打桩机8 t	台班	1.116	0.980	0.860	1.120	0.840	0.140

注：1. 定额中不包括接桩费用，如发生接桩，按实际接头数量套用钢管桩接桩定额；

　　2. 打钢管桩送桩，按打桩定额人工、机械数量乘以系数 1.9 计算。

7.3 现浇混凝土结构

7.3.1 定额说明

(1)本章定额包括垫层基础、承台、墩(台)帽墩(台)身支撑梁及横梁墩(台)盖梁、拱桥、梁、板、挡墙、小型构件、桥面铺装、桥头搭板等项目。

(2)本章定额适用于桥涵工程现浇各种混凝土构筑物。

(3)本章项目均未包括预埋铁件,如设计要求预埋铁件时执行其他分册相关项目。

(4)本章项目毛石混凝土的块石含量为15%,如与设计不同可以换算,但人工、机械不做调整。

(5)混凝土按常用强度等级列出,如设计要求不同可以换算。

(6)钢纤维混凝土中的钢纤维含量,如设计含量不同可以相应调整。

7.3.2 工程量计算规则

混凝土工程量按设计尺寸以实体积计算(不包括空心板梁的空心体积),不扣除钢筋铁丝铁件、预留压浆孔道、单个面积在 $0.3 \ m^2$ 以内孔洞和螺栓所占的体积。

7.3.3 定额应用

[例7-4] 某桥台采用毛石混凝土共 $10 \ m^3$,设计要求其中块石含量为20%,试求按设计要求调整后块石与混凝土的含量。

[解] 按《现浇混凝土工程》定额说明第(3)条可知,定额中嵌石混凝土的块石含量如与设计不同,可以换算,查定额3-312得:

块石消耗量为 $2.43 \ m^3$,混凝土(C20)消耗量为 $8.587 \ m^3$。

调整后块石用量为:$(2.43+8.587) \times 20\% = 2.20 (m^3)$。

调整后混凝土用量为:$(2.43+8.587) - 2.20 = 8.817 (m^3)$。

定额见表7-9。

表 7-9 混凝土基础

工作内容:混凝土;混凝土浇筑、捣固、抹平;养护等。 计量单位:10 m³

清单编号		002001	002002
定额编号		3-312	3-313
项目		混凝土基础	
		10 m³	
		毛石混凝土	混凝土
综合单价/元		3 156.77	3 452.85
其中	人工费/元	195.25	217.43
	材料费/元	2 930.28	3 200.63
	机械费/元	—	—
	综合费用/元	31.24	34.79

清单编号		002001	002002
定额编号		3-312	3-313
名称	单位	消耗量	
人工 合计工日	工日	2.297	2.558
材料 预拌混凝土 C20	m³	8.587	10.1
块石	m³	2.43	—
无纺土工布	m²	1.279	1.279
水	m³	1.659	1.659
电	kW·h	4.111	1457

[例 7-5]　某后张法预应力箱梁,采用支架上现浇,已知梁长 25 m,截面面积为 18.02 m²,其中空心部分面积为 9.45 m²,预留 P50 压浆孔道共 12 根,试求该箱梁混凝土工程量。

[解]　按《现浇混凝土工程》工程量计算规则第(1)条可知:

现浇混凝土工程量为:$(18.02-9.45) \times 25 = 214.25$(m³)。

习题

一、简答题

1. 桥梁打桩工程,送桩工程量计算时,如何确定"界限"?

2. 钻孔灌注桩成孔工程量计算时,如何确定成孔长度?

3. 嵌石混凝土中块石含量与定额不同时,如何换算套用定额?

二、计算题

1. 某桥台基础共设 20 根 C30 预制钢筋混凝土方桩,自然地坪标高为 1 m,桩顶标高 -0.5 m,设计桩长为 20 m(包括桩尖),每根桩分 2 节预制,陆上打桩,采用焊接接桩,计算打桩、接桩与送桩工程量,并确定套用的定额子目及综合单价。

2. 某桥台采用毛石混凝土共 10 m³,设计要求其中块石含量为 25%,试求按设计要求调整后块石与混凝土的含量。

第三篇 工程清单计价模式下的计量与计价

第8章 工程量清单与清单计价基础知识

本章学习要点

1. 工程量清单的概念。
2. 招标工程量清单的编制依据、组成及格式、编制要求、编制步骤。
3. 工程量清单计价的概念。
4. 工程量清单投标报价的编制依据、组成及格式、编制要求。

引言

某公司参加一个工程的招投标活动，该工程采用清单计价模式。招标单位向其发放了工程施工图样、招标文件及招标工程量清单。该公司按照招标文件的要求进行了工程量清单计价，编制了商务标，并编制了技术标、资信标。那么，什么是工程量清单？什么是工程量清单计价？它们的格式是怎样的？有什么不同？编制工程量清单、编制工程量清单计价文件有什么要求？

8.1 概　述

从 2003 年开始，国家开始推行工程量清单计价模式，我国工程造价的计价模式由传统的预算定额计价式向国际上通行的工程量清单计价模式转变，于 2003 年 7 月 1 日起实施《建设工程工程量清单计价规范》（GB 50500—2013）。

微课：工程量清单
计价模式

全面推行工程量清单计价模式，完善工程量清单计价相关制度，有利于促进政府职能转变、充分发挥市场在工程建设资源配置中的作用、促进建设市场公开、公正、公平秩序的建立，提高投资效益。为了进一步从宏观上规范政府工程造价管理行为，从微观上规范承发包双方的工程造价计价行为，为工程造价全过程管理、精细化管理提供标准和依据，中华人民共和国住房和城乡建设部、中华人民共和国质量监督检验检疫总局联合颁布第 1567 号公告，于 2013 年 7 月 1 日起实施《建设工程工程量清单计价规范》(GB 50500—2013)、《市政工程工程量计算规范》(GB 50857—2013)。

使用国有资金投资的建设工程发承包，必须采用工程量清单计价。国有资金是指国家财政性预算内或预算外资金，国家机关、国有企事业单位或社会团体的自有资金及借贷资金，国家通过对内发行政府债券或向外国政府及国际金融机构举借主权外债所筹集的资金。

工程量清单应采用综合单价计价。国有资金投资的建设工程招标，招标人必须编制招标控制价。招标控制价是指招标人根据国家或省级、行业建设主管部门颁发的有关计价依据和办法，以及拟定的招标文件和招标工程量清单，结合工程具体情况编制的招标工程的最高投标限价。

非国有资金投资的建设工程发承包，宜采用工程量清单计价。

8.2 工程量清单计价概述

8.2.1 工程量清单的概念

工程量清单是表现拟建工程的分部分项工程项目、措施项目、其他项目、规费项目和税金项目的名称与相应数量的明细清单，是招标文件的组成部分。

工程量清单由具有编制招标文件能力的招标人或受其委托具有相应资质的工程造价咨询机构、招标代理机构，按照《建设工程工程量清单计价规范》(GB 50500—2013)和招标文件的有关要求，根据施工设计图纸及合理的施工组织设计和施工方案，将拟建招标工程的全部工程项目的内容和数量列在明细清单上供投标人逐项填写。

分部分项工程量清单表明拟建工程的全部分项实体工程的名称和相应的工程数量。例如，某工程现浇 C20 钢筋混凝土基础梁，167.25 m³；低碳钢 $\phi 29 \times 8$ 无缝钢管安装，320 m 等。

措施项目清单表明拟建工程全部分项实体工程而必须采取的措施项目及相应的费用。例如，某工程大型施工机械设备(塔式起重机)进场及安拆；脚手架搭拆等。

其他项目清单主要表明，招标人提出的与拟建工程有关的特殊要求所发生的费用。例如，某工程考虑可能发生工程量变更而预先提出的暂列金额项目、零星工作项目费等。

规费项目清单主要表明有关权力部门规定必须缴纳的费用明细，如社会保险费等。

工程量清单是在招投标活动中，对招标人和投标人都具有约束力的重要文件，是招投标活动的重要依据。

8.2.2 工程量清单的作用

工程量清单体现了招标人要求投标人完成的全部工程内容及相应的工程数量，是编制标底和投标单位进行投标报价的依据，是签订工程合同、调整工程量和办理竣工结算的基础。

8.2.3 工程量清单计价的概念

工程量清单计价是指投标人完成由招标人提供的工程量清单所列项目的全部费用，包括分部分项工程费、措施项目费、其他项目费和规费、税金。

工程量清单计价方式是以招标人提供的工程量清单为平台，投标人自主报价，经评审合理低价中标的工程造价计价方式。这种计价方式是市场定价体系的具体表现形式。

工程量清单计价包括两个方面的内容，一是工程量清单的编制；二是工程量清单报价的编制。

在建设工程招投标中，招标人按照国家统一的《建设工程工程量清单计价规范》(GB 50500—2013)、《市政工程工程量计算规则》(GB 50857—2013)的要求以及施工图、招标文件编制工程量清单。

8.2.4 《建设工程工程量清单计价规范》(GB 50500—2013)简介

《建设工程工程量清单计价规范》(GB 50500—2013)(以下简称《计价规范》)是为了规范建设工程工程量清单计价行为，统一建设工程工程量清单的编制和计价方法，根据《中华人民共和国招标投标法》及建设部第107号《建筑工程施工发包与承包计价管理办法》，按照我国工程造价改革的要求，本着国家宏观调控、市场竞争形成价格的原则制定的。本规范适用于建设工程工程量清单计价活动。全部使用国有资金投资或以国有资金投资为主的大中型建设工程应执行《计价规范》。

8.2.5 工程量清单编制原则

工程量清单编制原则包括"四个统一、三个自主、两个分离"。

1. 四个统一

分部分项工程量清单包括的内容，应满足两个方面的要求：一是满足方便管理和规范管理的要求；二是满足工程计价的要求。为了满足上述要求，工程量清单编制必须符合四个统一的要求，即项目编码统一、项目名称统一、计量单位统一、工程量计算规则统一。

2. 三个自主

工程量清单计价是市场形成工程造价的主要形式。《计价规范》第6.1.2投标价应依据《计价规范》第6.2.1条的规定自由确定投标报价。这一要求使得投标人在报价时自主确定工料机消耗量、自主确定工料机单价、自主确定措施项目费及其他项目费的内容和费率。

3. 两个分离

两个分离是指量与价分离，清单工程量与计价工程量分离。

量与价分离是从定额计价方式的角度来表达的，因为定额计价的方式采用定额基价计算直接费用。工料机消耗量是固定的，工料机单价也是固定的，量价没有分离；而工程量清单计价由于自主确定工料机消耗量、自主确定工料机单价，因此量价是分离的。

清单工程量与计价工程量分离是从工程量清单报价方式来描述的。清单工程量是根据《计价规范》编制的，计价工程量是根据所选定的消耗量定额计算的。一项清单工程量可能要对应几项消耗量定额，两者的计算规则也不一定相同，所以，一项清单工程量可能要对应几项计价工程量，其清单工程量与计价工程量要分离。

8.3 工程量清单编制内容

工程量清单主要包括分部分项工程量清单、措施项目清单、其他项目清单三部分内容。

8.3.1 分部分项工程量清单

《计价规范》规定：分部分项工程量清单必须按照《计价规范》附录设置的统一的项目编码、统一的项目名称、统一的计量单位、统一的工程量计算规则(四个统一)进行编制。

1. 项目编码

每一个分部分项工程量清单项目有一个项目编码，项目编码以五级编码设置，用12位阿拉伯数字表示。一、二、三、四级编码统一，必须依据《计价规范》设置；第五级编码由工程量清单编制人根据工程特征自行编制。各级编码代表的含义如下：

(1)第一级表示分类码(分二位)：建筑工程为01，装饰装修工程为02，安装工程为03，市政工程为04，园林绿化工程为05；

(2)第二级表示章顺序码(分二位)；

(3)第三级表示节顺序码(分二位)；

(4)第四级表示清单项目码(分三位)；

(5)第五级表示具体清单项目码(分三位)。

以040203004001为例，项目编码结构如图8-1所示。

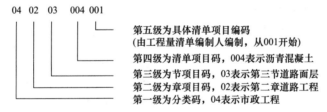

图8-1　工程量清单项目编码结构

2. 项目名称

(1)项目名称。项目名称一般是以形成工程实体的名称来命名，如沥青混凝土路面、混凝土管道铺设等清单项目名称。

项目名称的设置应按《计价规范》附录的项目名称并结合实际工程的项目特征要素综合确定。项目名称具体设置时应考虑三个因素：一是附录中的项目名称；二是附录中的项目特征；三是拟建工程的实际情况。清单编制人在编制分部分项工程量清单时，要以附录中的项目名称为主体，同时考虑附录中该项目的规格、种类等项目特征要求，结合拟建工程施工设计图纸标明的具体项目特征数据，设置清单项目，使分部分项工程量清单项目名称具体、准确、不漏项。

例如，某道路工程，施工设计图设计路面结构为两层式石油沥青混凝土路面，上层为4 cm厚细粒式沥青混凝土路面，下层为8 cm厚中粒式沥青混凝土路面，则项目名称根据《计价规范》附录"B.3道路面层"中的项目名称、项目特征、结合施工设计图设置为两项，并将其项目特征值填写在项目名称栏内，见表8-1。

表 8-1　分部分项工程工程量清单

工程名称：某道路工程

项目编码	项目名称	计量单位	工程数量
040203006001	沥青混凝土 1. 沥青品种：石油沥青 2. 石料最大粒径：20 mm 3. 厚度：8 cm	m²	
040203006002	沥青混凝土 1. 沥青品种：石油沥青 2. 石料最大粒径：15 mm 3. 厚度：4 cm	m²	

又如，某排水工程施工设计图设计有 D600 mm 和 D800 mm 两种钢筋混凝土管道，则项目名称根据《计价规范》附录"E.1 管道铺设"中的项目名称、项目特征，结合施工设计图设置为两项，并将其项目特征值填写在项目名称栏内，见表8-2。

表 8-2　分部分项工程工程量清单

工程名称：某排水工程

项目编码	项目名称	计量单位	工程数量
040501001001	混凝土管道铺设 1. 管有筋无筋：有筋 2. 规格：D600 mm 3. 铺设深度：3.58 m 4. 接口方式：承插钢筋混凝土管，胶圈接口	m	
040501001002	混凝土管道铺设 1. 管有筋无筋：有筋 2. 规格：D800 mm 3. 铺设深度：3.78 m 4. 接口方式：承插钢筋混凝土管，胶圈接口	m	

(2)项目特征。项目特征是指工程量清单项目的个性特征，是对项目准确具体的描述。例如，道路工程侧缘石安砌项目就要描述侧缘石的材料、尺寸、形状、垫层材料品种、厚度、强度等个性特征值。道路工程水泥混凝土面层项目中要描述混凝土强度等级、石料最大粒径、厚度、掺和料、配合比等个性特征值。又如，市政管网工程混凝土管道铺设项目要描述管材规格、埋设深度、接口形式等个性特征值。

项目特征是设置具体清单项目的依据。编制分部分项工程量清单时，清单项目的项目特征内容填写在项目名称栏内，并依据工程设计文件实际情况填写项目特征值，保证项目名称设置准确具体，以便投标人作为核算工程量和进行投标报价的依据。

(3)工程内容。工程内容是指完成该清单项目可能发生的具体工程，可供招标人确定清单项目和投标人投标报价参考。以道路砂砾石基层为例，可能发生的具体工程有拌和、铺筑、找平、碾压、养护。至于使用什么机械、用什么方法、采取什么措施均由投标人自主确定，在清单项目设置中不做具体规定。

凡是工程内容中未列全的其他具体工程，由投标人按照招标文件或图纸要求编制，以完成清单项目为准，综合考虑到报价中。至于使用什么机械、采用什么方法、采取什么措施均由投标人自主确定，在清单项目设置中不做具体规定。

工程内容也是招标人对已列出的清单项目，检查是否重列或漏列的主要依据。例如，道路面层中"水泥混凝土"清单项目的工程内容如下：

1）模板制作、安装、拆除；

2）混凝土拌和、运输、浇筑；

3）拉毛；

4）刻痕或刻防滑线；

5）伸缝；

6）缩缝；

7）锯缝、嵌缝；

8）路面养生。

上述八项工程内容几乎包括了常规施工水泥混凝土路面的全部施工工艺过程。若拟建工程设计的是水泥混凝土路面结构，就可以对照上述工程内容列项。列出的项目名称是"C××水泥混凝土面层（厚××cm，碎石最大××mm）"，项目编码为"040203005×××"。不能再另外列出伸缩缝构造、切缝机切缝、路面养生等清单项目名称，否则就属于重列。

但应注意的是，"水泥混凝土"项目中，已包括了传力杆及套筒的制作、安装，没有包括纵缝拉杆，角隅加强钢筋，边缘加强钢筋的工程内容。当拟建的道路路面设计有这些钢筋工程时，应该对照《计价规范》附录"D.7 钢筋工程"另外增列钢筋的分部分项清单项目，否则就属于漏列。

3. 计量单位

附录中的计量单位均采用基本计量单位，除各专业另有规定外，均按以下单位计量：

（1）以质量计算的项目——吨或千克（t 或 kg）；

（2）以体积计算的项目——立方米（m³），如土石方工程的计量单位为"m³"；

（3）以面积计算的项目——平方米（m²），如道路基层、面层的计量单位为"m²"；

（4）以长度计算的项目——米（m），如管道铺设的计量单位为"m"；

（5）以自然计量单位计算的项目——个、套、块、台、组、座等，如井类的计量单位为"座"。

4. 工程量

工程量应按《计价规范》附录中规定的工程量规则计算得到。工程量规则是指对清单项目工程量的计算规定。除另有说明外，所有清单项目的工程量应以实体工程量为准，并以完成后的净尺寸计算；投标人投标报价时，应在单价中考虑施工中的各种损耗和需要增加的工程量。

清单项目工程量的精确度按下列规定：

（1）以"t"为单位的，保留小数点后三位，第四位小数四舍五入；

(2)以"m³""m²""m""kg"为单位的，应保留小数点后两位数字，第三位小数四舍五入；

(3)以"个""件""根""组""系统"等为单位的，应取整数。

8.3.2 措施项目清单

措施项目是指有助于形成工程实体而不构成工程实体的项目。

措施项目清单包括"单价项目"和"总价项目"两类。由于措施项目清单项目除执行《市政工程工程量计算规范》(GB 50857—2013)外，还要依据所在地区的措施项目细则确定，所以，措施项目的确定与计算方法具有较强的地区性，教学时应该紧密结合本地区的有关规定学习和举例。

措施项目清单的编制需考虑多种因素，除工程本身的因素外，还涉及水文、气象、环境、安全等因素。由于这些影响措施项目设置的因素较多，因此工程量计算规范不可能将施工中可能出现的措施项目一一列出。在编制措施项目清单时，因工程情况不同出现一些工程量计算规范中没有列出的措施项目，可以根据工程的具体情况对措施项目清单做必要的补充。

1. 单价项目

单价项目是指可以计算工程量，列出了项目编码、项目名称、项目特征、计量单位、工程量计算规则和工作内容的措施项目。例如，《市政工程工程量计算规范》(GB 50857—2013)附录 L 的措施项目中，"沉井脚手架"措施项目的编码为"041101004"，项目特征包括"沉井高度"、计量单位"m²"，工程量计算规则为"按井壁中心线周长乘以井高计算"，工作内容包括"清理场地、搭设、拆除脚手架、安全网、材料场内外运输"等。

2. 总价项目

总价项目是指不能计算工程量，仅列出了项目编码、项目名称，未列出项目特征、计量单位、工程量计算规则的措施项目。例如，《市政工程工程量计算规范》(GB 50857—2013)附录 L 的措施项目中，"安全文明施工"措施项目的编码为"041109001"，工作内容包括"环境保护、文明施工、安全施工、临时设施"等。

8.3.3 其他项目清单

工程建设项目标准的高低、工程的复杂程度、工程的工期长短、工程的组成内容等直接影响其他项目清单的具体内容。

其他项目清单应根据拟建工程的具体情况确定，一般包括暂列金额、暂估价(材料暂估价、专业工程暂估价)、计日工、总承包服务费等。

暂列金额是指招标人在工程量清单中暂定并包括在合同价款中的一笔款项，用于施工合同签订时尚未确定或者不可预见的所需材料、设备、服务的采购，施工中可能发生的工程变更、合同约定调整因素出现时的工程价款调整，以及发生的索赔、现场签证确认等的费用。

暂估价是指招标人在工程量清单中提供的用于支付必然发生但暂时不能确定价格的材料的单价及专业工程的金额。暂估价主要包括材料暂估价和专业工程暂估价两种。

计日工是指在施工过程中，完成发包人提出的施工图纸以外的零星项目或工作，按合同中约定的综合单价计价。例如，某办公楼建筑工程在设计图纸以外发生的零星工作项目，家具搬运用工 30 个工日。

总承包服务费是指总承包人为配合协调发包人进行的工程分包自行采购的设备、材料等进行管理、服务，以及施工现场管理、竣工资料汇总整理等服务所需的费用。

8.3.4　规费和税金的确定

规费是根据省级政府或省级有关权力部门规定必须缴纳的，应计入建筑安装工程造价的费用。规费应按省级政府或省级有关权力部门规定的费率计取，不得参与竞争。

税金是指国家税法规定的应计入建筑安装工程造价增值税。该费用也不能参与竞争。

8.4　工程量清单报价编制内容

工程量清单报价编制内容包括工料机消耗量的确定、综合单价的确定、措施项目费的确定和其他项目费的确定。

8.4.1　工料机消耗量的确定

工料机消耗量是根据分部分项工程工程量和有关消耗量定额计算出来的。其计算公式为

分部分项工程人工工日＝分部分项主项工程量×定额用工量＋

$$\sum（分部分项附项工程量×定额用工量）$$

分部分项工程某种材料用量＝分部分项主项工程量×某种材料定额用量＋

$$\sum（分部分项附项工程量×某种材料定额用量）$$

分部分项工程某种机械台班用量＝分部分项主项工程量×某种机械定额台班量＋

$$\sum（分部分项附项工程量×某种机械定额台班用量）$$

在套用定额分析计算工料机消耗量时，分两种情况：一是直接套用；二是分别套用。

1. 直接套用定额，分析工料机消耗量

当分部分项工程量清单项目与定额项目的工程内容和项目特征完全一致时，就可以直接套用定额消耗量，计算出分部分项工程的工料机消耗量。例如，某工程 250 mm 半圆球吸顶灯安装清单项目，可以直接套用工程内容相对应的消耗量定额时，就可以采用该定额分析工料机消耗量。

2. 分别套用不同定额，分析工料机消耗量

当定额项目的工作内容与清单项目的工作内容不完全相同时，需要按清单项目的工程内容，分别套用不同的定额项目。例如，某工程 M5 水泥砂浆砌砖基础清单项目，还包含了 1∶2 水泥砂浆防潮层附项工程量时，应分别套用 1∶2 水泥砂浆防潮层消耗量定额和 M5 水泥砂浆砌砖基础消耗量定额，分别计算其工料机消耗量。又如，室内 DN25 焊接钢管螺纹连接清单项目包含主项：焊接钢管安装，还包括附项：铁皮套管制作、安装，手工除锈，刷防锈漆项目时，就要分别套用对应的消耗量定额，计算其工料机消耗量。

8.4.2　综合单价的确定

综合单价是有别于预算定额基价的另一种确定单价的方式。

综合单价以分部分项工程项目为对象，从我国的实际情况出发，包括除规费和税金之外的，完成分部分项工程量清单项目规定的，计量单位合格产品所需的全部费用。综合单价主要包括人工费、材料费、机械费、管理费、利润、风险费等。

综合单价不仅适用于分部分项工程量清单，还适用于措施项目清单、其他项目清单等。综合单价的计算公式为

分部分项工程量清单项目综合单价＝人工费＋材料费＋机械费＋管理费＋利润

其中

$$人工费＝\sum（定额工日×人工单价）$$

$$材料费＝\sum（某种材料定额消耗量×材料单价）$$

$$机械费＝\sum（某种机械定额消耗量×台班单价）$$

$$管理费＝人工费×管理费费率$$

$$利润＝人工费＋管理费×利润费费率$$

8.4.3 措施项目费的确定

措施项目费应该由投标人根据拟建工程的施工方案或施工组织设计计算确定，一般可以采用以下几种方法确定。

1. 依据定额计算

脚手架、大型机械设备进出场及安拆费、垂直运输机械费等可以根据已有的定额计算确定。

2. 按系数计算

临时设施费、安全文明施工增加费、夜间施工增加费等应以相应的计算基数为基础乘以适当的系数确定。

3. 按收费规定计算

室内空气污染测试费、环境保护费等可以按有关规定计取费用。

8.4.4 其他项目费的确定

招标人部分的其他项目费可按估算金额确定；投标人部分的总承包服务费应根据招标人提出的要求，按所发生的费用确定；计日工应根据计日工表确定。

其他项目清单中的暂列金额、暂估价和计日工均为预测和估算数额，虽在投标时计入投标人的报价中，但不应视为投标人所有。竣工结算时，应按承包人实际完成的工作内容结算，剩余部分仍归招标人所有。

8.4.5 工程量清单计价与定额计价的区别

工程量清单计价与定额计价主要有以下四个方面的区别。

1. 计价依据不同

（1）依据不同定额。定额计价按照政府主管部门颁发的预算定额计算各项消耗量；工程量清单计价按照企业定额计算各项消耗量，也可以选择其他合适的消耗量定额计算工料机消耗量。选择何种定额，由投标人自主确定。

微课：定额计价与
清单计价的区别

（2）采用的单价不同。定额计价的人工单价、材料单价、机械台班单价采用预算定额基价中的单价或政府指导价；工程量清单计价的人工单价、材料单价、机械台班单价采用市场价，由投标人自主确定。

（3）费用项目不同。定额计价的费用计算，根据政府主管部门颁发的费用计算程序所规定的项目和费率计算；工程量清单计价的费用按照《计价规范》《市政工程工程量计算规范》（GB 50857—2013）的规定和根据拟建项目和本企业的具体情况，自主确定实际的费用项目和费率。

2. 费用构成不同

定额计价方式的工程造价费用一般由直接费（包括直接工程费和措施费）、间接费（包括规费和企业管理费）、利润和税金构成；工程量清单计价的工程造价费用由分部分项工程项目费、措施项目费、其他项目费、规费和税金构成。

3. 计价方法不同

定额计价方式常采用单位估价法和实物金额法计算直接费，再计算间接费、利润和税金；而工程量清单计价则采用综合单价的方法计算分部分项工程量清单项目费，再计算措施项目费、其他措施项目费、规费和税金。

4. 本质特性不同

定额计价方式确定的工程造价，具有计划价格的特性；工程量清单计价方式确定的工程造价，具有市场价格的特性。

8.5 工程量清单及其报价格式

8.5.1 招标工程量清单格式

1. 工程量清单格式的内容组成

（1）封面（见表 8-3）；

（2）扉页（见表 8-4）；

（3）总说明（见表 8-5）；

（4）分部分项工程和单价措施项目清单与计价表（见表 8-6）；

（5）总价措施项目清单与计价表（见表 8-7）；

（6）其他项目清单与计价汇总表（见表 8-8）；

（7）暂列金额明细表（见表 8-9）；

（8）市政工程消耗量定额材料（工程设备）暂估单价及调整表（见表 8-10）；

（9）专业工程暂估价及结算价表（见表 8-11）；

（10）计日工表（见表 8-12）；

（11）总承包服务费计价表（见表 8-13）；

（12）规费、税金项目计价表（见表 8-14）。

2. 工程量清单格式的填写要求

（1）工程量清单由招标人填写。

(2)总说明应填写下列内容：

1)工程概况：包括建设规模、工程特征、计划工期、施工现场实际情况、交通运输情况、自然地理条件、环境保护要求等。

2)工程招标和专业工程分包范围。

3)工程量清单编制依据。

4)市政工程消耗量定额工程质量、材料、施工等的特殊要求。

5)市政工程消耗量定额其他需要说明的问题。

8.5.2　工程量清单报价格式

1. 工程量清单计价格式的内容组成

(1)扉页(见表8-15)；

(2)单项工程招标控制价/投标报价汇总表(见表8-16)；

(3)单位工程招标控制价/投标报价汇总表(见表8-17)；

(4)分部分项工程和单价措施项目清单与计价表(见表8-6)；

(5)总价措施项目清单与计价表(见表8-7)；

(6)其他项目清单与计价汇总表(见表8-8)；

(7)暂列金额明细表(见表8-9)；

(8)材料(工程设备)暂估单价及调整表(见表8-10)；

(9)专业工程暂估价及结算价表(见表8-11)；

(10)计日工表(见表8-12)；

(11)总承包服务费计价表(见表8-13)；

(12)规费、税金项目计价表(见表8-14)；

(13)综合单价分析表(见表8-18)。

表 8-3 招标工程量清单封面

_____工程

招 标 工 程 量 清 单

招 标 人：_____
（单位盖章）

造价咨询人：_____
（单位盖章）

年   月   日

表 8-4　招标工程量清单扉页

　　　　　　　　　　　　　　　　　　　　　　　　　　　工程

招 标 工 程 量 清 单

招　标　人：＿＿＿＿＿＿＿＿＿　　　　　　造价咨询人：＿＿＿＿＿＿＿＿＿
　　　　　　　　（单位盖章）　　　　　　　　　　　　　（单位资质专用章）

法定代表人　　　　　　　　　　　　　　　法定代表人
或其授权人：＿＿＿＿＿＿＿＿＿　　　　或其授权人：＿＿＿＿＿＿＿＿＿
　　　　　　　　（签字或盖章）　　　　　　　　　　　（签字或盖章）

编　制　人：＿＿＿＿＿＿＿＿＿　　　　复　核　人：＿＿＿＿＿＿＿＿＿
　　　　（造价人员签字盖专用章）　　　　　　　（造价工程师签字盖专用章）

编制时间：　　年　月　日　　　　　复核时间：　　年　月　日

表 8-5 总说明

工程名称：   第 页 共 页

表 8-6 分部分项工程和单价措施项目清单与计价表

工程名称：   标段：   第 页 共 页

序号	项目编码	项目名称	项目特征描述	计量单位	工程量	金额/元		
						综合单价	合价	其中
								暂估价
本页合计								
合计								
注：为计取规费等的使用，可在表中增设："定额人工费"。								

表8-7 总价措施项目清单与计价表

工程名称：　　　　　　　　　　　　　　标段：　　　　　　　　　　　　第　页　共　页

序号	项目编码	项目名称	计算基础	费率/%	金额/元	调整费率/%	调整后金额/元	备注
		安全文明施工费						
		夜间施工增加费						
		二次搬运费						
		冬、雨期施工增加费						
		已完工程及设备保护费						
		合计						

注：1. "计算基础"中安全文明施工费可为"定额基价""定额人工费"或"定额人工费＋定额机械费"，其他项目可为"定额人工费"或"定额人工费＋定额机械费"。

2. 按施工方案计算的措施费，若无"计算基础"和"费率"的数值，也可只填"金额"数值，但应在备注栏说明施工方案出处或计算方法。

编制人(造价人员)：　　　　　　　　　　　　　　　　　复核人(造价工程师)：

表8-8 其他项目清单与计价汇总表

工程名称：　　　　　　　　　　　　　　标段：　　　　　　　　　　　　第　页　共　页

序号	项目名称	金额/元	结算金额/元	备注
1	暂列金额			
2	暂估价			
2.1	材料(工程设备)暂估价/结算价			
2.2	专业工程暂估价/结算价			
3	计日工			
4	总承包服务费			
5	索赔与现场签证			
	合计			

注：材料(工程设备)暂估单价进入清单项目综合单价，此处不汇总。

表 8-9 暂列金额明细表

工程名称：　　　　　　　　　　　　　　标段：　　　　　　　　　　　第 页 共 页

序号	项目名称	计量单位	暂定金额/元	备注
1				
2				
3				
4				
5				
6				
7				
8				
9				
10				
11				
合计				

注：此表由招标人填写，如不能详列，也可只列暂定金额总额。投标人应将上述暂列金额计入投标总价中。

表 8-10 市政工程消耗定额材料(工程设备)暂估单价及调整表

工程名称：　　　　　　　　　　　　　　标段：　　　　　　　　　　　第 页 共 页

序号	材料(工程设备)名称、规格、型号	计量单位	数量		暂估/元		确认/元		差额±/元		备注
			暂估	确认	单价	合价	单价	合价	单价	合价	
合计											

注：此表由招标人填写"暂估单价"，并在备注栏说明暂估价的材料、工程设备拟用在哪些清单项目上。投标人应将上述材料、工程设备暂估单价计入工程量清单综合单价报价中。

表 8-11 专业工程暂估价及结算价表

工程名称：　　　　　　　　　　　标段：　　　　　　　　　　第　页　共　页

序号	工程名称	工程内容	暂估金额/元	结算金额/元	差额±/元	备注
	合计					

注：此表"暂估金额"由招标人填写，投标人应将"暂估金额"计入投标总价中。结算时按合同约定结算金额填写。

表 8-12 计日工表

工程名称：　　　　　　　　　　　标段：　　　　　　　　　　第　页　共　页

编号	项目名称	单位	暂定数量	实际数量	综合单价/元	合计/元	
						暂定	实际
一	人工						
1							
2							
3							
4							
	人工小计						
二	材料						
1							
2							
3							
4							
5							
6							
	材料小计						
三	施工机械						
1							
2							
3							
4							

编号	项目名称	单位	暂定数量	实际数量	综合单价/元	合计/元	
						暂定	实际
	施工机械小计						
	四、企业管理费和利润						
	总计						

注：此表项目名称、暂定数量由招标人填写，编制招标控制价时，单价由招标人按有关计价规定确定；投标时，单价由投标人自主报价，按暂定数量计算合价计入投标总价中。结算时，按发承包双方确认的实际数量计算合价。

表 8-13　总承包服务费计价表

工程名称：　　　　　　　　　　　标段：　　　　　　　　　　第　页　共　页

序号	项目名称	项目价值/元	服务内容	计算基础	费率/%	金额/元
1	发包人发包专业工程					
2	发包人提供材料					
	合计	—	—		—	

注：此表项目名称、服务内容由招标人填写，编制招标控制价时，费率及金额由招标人按有关计价规定确定；投标时，费率及金额由投标人自主报价，计入投标总价中。

表 8-14　规费、税金项目计价表

工程名称：　　　　　　　　　　　标段：　　　　　　　　　　第　页　共　页

序号	项目名称	计算基础	计算基数	计算费率/%	金额/元
1	规费	定额人工费			
1.1	社会保险费	定额人工费			
(1)	养老保险费	定额人工费			
(2)	失业保险费	定额人工费			
(3)	医疗保险费	定额人工费			
(4)	工伤保险费	定额人工费			
(5)	生育保险费	定额人工费			
1.2	住房公积金	定额人工费			
1.3	工程排污费	按工程所在地环境保护部门收取标准，按实计入			
2	税金	分部分项工程费＋措施项目费＋其他项目费＋规费－按规定不计税的工程设备金额			
	合计				

编制人(造价人员)：　　　　　　　　　　　　　　　　复核人(造价工程师)：

表 8-15　投标总价扉页

投 标 总 价

投 标 人： ＿＿＿＿＿＿＿＿＿＿××市政建设公司＿＿＿＿＿＿＿＿＿＿

工程名称： ＿＿＿＿＿＿＿＿＿＿＿＿＿＿＿＿＿＿＿＿＿＿＿＿＿＿

投标总价(小写)： ＿＿＿＿＿＿＿＿＿＿＿＿＿＿＿＿＿＿＿＿＿＿＿

（大写）： ＿＿＿＿＿＿＿＿＿＿＿＿＿＿＿＿＿＿＿＿＿＿＿

投 标 人： ＿＿＿＿＿＿＿＿＿＿××市政建设公司＿＿＿＿＿＿＿＿＿＿

（单位盖章）

法定代表人

或其授权人： ＿＿＿＿＿＿＿＿＿＿＿＿＿＿＿＿＿＿＿＿＿＿＿＿

（签字或盖章）

编 制 人： ＿＿＿＿＿＿＿＿＿＿＿＿＿＿＿＿＿＿＿＿＿＿＿＿＿

（造价人员签字盖专用章）

时　间： 　年　　月　　日

表8-16 单项工程招标控制价/投标报价汇总表

工程名称：　　　　　　　　　　　　　　　　　　　　　　　　　第　页　共　页

序号	单项工程名称	金额/元	其中/元		
			暂估价	安全文明施工费	规费
合　计					
注：本表适用于单项工程招标控制价或投标报价的汇总。暂估价包括分部分项工程中的暂估价和专业工程暂估价。					

表8-17 单位工程招标控制价/投标报价汇总表

工程名称：　　　　　　　　　标段：　　　　　　　　　第　页　共　页

序号	汇总内容	金额/元	其中：暂估价/元
1	分部分项工程		
1.1			
1.2			
1.3			
2	措施项目		
2.1	其中：安全文明施工费		
3	其他项目		
3.1	其中：暂列金额		
3.2	其中：专业工程暂估价		
3.3	其中：计日工		
3.4	其中：总承包服务费		
4	规费		
5	税金		
招标控制价合计＝1＋2＋3＋4＋5			
注：本表适用于单位工程招标控制价或投标报价的汇总，如无单位工程划分，单项工程也可使用本表汇总。			

表 8-18 综合单价分析表

工程名称： 标段： 第 页 共 页

项目编码		项目名称		计量单位		工程量	

清单综合单价组成明细											
定额编号	定额项目名称	定额单位	数量	单价				合价			
				人工费	材料费	机械费	管理费和利润	人工费	材料费	机械费	管理费和利润
人工单价			小计								
元/工日			未计价材料费								
清单项目综合单价											

材料费明细	主要材料名称、规格、型号	单位	数量	单价/元	合价/元	暂估单价/元	暂估合价/元
	其他材料费						
	材料费小计						

注：1. 如不使用省级或行业建设主管部门发布的计价依据，可不填定额编号、名称等。
　　2. 招标文件提供了暂估单价的材料，按暂估的单价填入表内"暂估单价"栏及"暂估合价"栏。

2. 工程量清单计价格式的填写要求

《计价规范》提供的工程量清单计价格式为统一格式，不得变更或修改。但是，当工程项目没有采用总承包，而是采用分包制时，表格的使用可以有些变化，需要填写哪些表格，招标方应提出具体要求。

8.6 工程量清单编制方法

8.6.1 编制依据

工程量清单是建设工程招标的主要文件，应由具有编制招标文件能力的招标人或受其委托具有相应资质的中介机构进行编制。

工程量清单的编制依据主要有《计价规范》《市政工程工程量计算规范》(GB 50857—2013)、工程招标文件、施工图等。

1. 建设工程工程量计价规范

根据《计价规范》《市政工程工程量计算规范》(GB 50857—2013)确定拟建工程的分部分项工程项目、措施项目、其他项目的项目名称和相应的数量。

2. 工程招标文件

根据拟建工程特定工艺要求，确定措施项目；根据工程承包、分包的要求，确定总承包服务费项目；根据对施工图范围外的其他要求，确定零星工作项目费等项目。

3. 施工图

施工图是计算分部分项工程量的主要依据，依据《市政工程工程量计算规范》(GB 50857—2013)中对项目名称、工程内容、计量单位、工程量计算规则的要求和拟建工程施工图计算分部分项工程量。

8.6.2 清单工程量计算

1. 清单工程量的概念

清单工程量是分部分项工程量清单的简称，是招标人发布的拟建工程的实物数量，也是投标人计算人工、材料、机械消耗量的依据。按照《计价规范》计算的分部分项工程量与承包商计算投标报价的工程量有较大的差别。这是因为分部分项工程量清单中每一项工程量的工程内容、工程量计算规则与各承包商采用的分析人工、材料、机械消耗量的定额的工程内容和工程量计算规则各不相同，所以两者有较大的差别。

清单工程量是业主按照《计价规范》《市政工程工程量计算规范》(GB 50857—2013)的要求编制，起到统一报价标准作用的工程量。

2. 清单工程量的计算思路与计算方法

(1)清单工程量的计算思路。根据拟建工程施工图和《市政工程工程量计算规范》(GB 50857—2013)列项；根据所列项目填写清单项目的项目编码和计量单位；确定清单工程量项目的主项内容和所包含的附项内容；根据施工图、项目主项内容和《市政工程工程量计算规范》(GB 50857—2013)中的工程量计算规则，计算主项工程量。一般情况下，主项工程量就是清单工程量；按《市政工程工程量计算规范》(GB 50857—2013)所示工程量清单项目的顺序，整理清单工程量的顺序，最后形成分部分项工程量清单。

(2)清单工程量的计算方法。清单工程量的计算，严格按照《市政工程工程量计算规范》(GB 50857—2013)中计算的要求计算，其具体的长度、面积、体积计算方法，已经在前文介绍，这里不再赘述。

（3)清单工程量计算用表格。清单工程量计算表见表 8-19。

表 8-19 清单工程量计算表

工程名称： 第 页 共 页

序号	项目编号	项目名称	单位	工程数量	计算式

8.6.3 措施项目清单、其他项目清单编制

1. 措施项目清单

《计价规范》中列出了总价措施项目清单与计价表。业主在提交工程量清单时，这一部分的内容主要由承包商确定。因此，不作具体的规定。承包商在报这部分内容的价格时，应根据拟建工程和企业的具体情况自主确定。

2. 其他项目清单

其他项目清单分为两部分内容：第一部分是招标人提出的项目，一般包括暂列金额和专业工程暂估价等，业主在提供工程量清单时，可以明确项目的金额。对于招标人提出的这部分清单项目，如果在工程实施过程中没有发生或发生一部分，其费用及剩余的费用还是归业主所有。第二部分是由承包商提出的项目。承包商根据招标文件或承包文件的实际需要发生了分包工程，那么就要提出总承包服务费这个项目。如果在投标报价中根据招标人的要求，完成了分部分项工程量清单项目以外的工作，还要提出计日工等费用。

8.7　工程量清单报价编制方法

8.7.1　编制依据

编制工程量清单报价的依据主要有清单工程量、施工图、《计价规范》《市政工程工程量计算规范》(GB 50857—2013)、消耗量定额、施工方案、工料机市场价格等。

1. 清单工程量

清单工程量是由招标人发布的拟建工程的招标工程量。清单工程量是投标人投标报价的重要依据，投标人应根据清单工程量和施工图计算计价工程量。

2. 施工图

由于采取的施工方案不同，并且清单工程量是分部分项工程量清单项目的主项工程量，不能反映报价的全部内容，因此投标人在投标报价时，需要根据施工图和施工方案计算报价工程量。因而，施工图也是编制工程量清单报价的重要依据。

3. 消耗量定额

消耗量定额一般是指企业定额、住房城乡建设主管部门发布的预算定额等，它是分析拟建工程工料机消耗量的依据。

4. 工料机市场价格

工料机市场价格是确定分部分项工程量清单综合单价的重要依据。

8.7.2　计价工程量计算

1. 计价工程量的概念

计价工程量也称为报价工程量，是计算工程投标报价的重要数据。

计价工程量是投标人根据拟建工程施工图、施工方案、清单工程量和所采用定额及相对应的工程量计算规则计算出的，用以确定综合单价的重要数据。

清单工程量作为统一各投标人工程报价的口径，是十分重要的，也是十分必要的。但是，投标人不能根据清单工程量直接进行报价，这是因为施工方案不同，其实际发生的工程量也不同。例如，基础挖方是否要留工作面，留多少，不同的施工方法其实际发生的工程量不同；采用的定额不同，其综合单价的综合结果也不同。所以，在投标报价时，各投标人必然要计算计价工程量。将用于报价的实际工程量称为计价工程量。

2. 计价工程量的计算方法

计价工程量是根据所采用的定额和对应的工程量计算规则计算的，所以，承包商一旦确定采用何种定额时，就应完全按其定额所划分的项目内容和工程量计算规则计算工程量。

计价工程量的计算内容一般要多于清单工程量。因此，计价工程量不但要计算每个清单项目的主项工程量，还要计算所包含的附项工程量。这就要根据清单项目工程内容和定额项目的划分内容具体确定。例如，M5 水泥砂浆砌砖基础项目，不但要计算主项的砖基础项目，还要计算混凝土基础垫层的附项工程量。

计价工程量的具体计算方法与建筑安装工程预算中所介绍的工程量计算方法基本相同。

8.7.3　综合单价计算

1. 综合单价的概念

综合单价是相对各分项单价而言的，是在分部分项清单工程量及相对应的计价工程量项目的人工单价、材料单价、机械台班单价、管理费单价、利润单价基础上综合而成的。形成综合单价的综合过程不是简单地将其汇总的过程，而是根据具体分部分项清单工程量和计价工程量及工料机单价通过具体计算综合而成的。

2. 综合单价的计算方法

"营改增"后综合单价中各项费用均以不包含增值税可抵扣进项税额的价格计算。综合单价的计算过程是先用计价工程量乘以定额消耗量得出工料机消耗量，再乘以对应的工料机单价得出主项和附项直接费，然后计算出计价工程量清单项目费小计，接着计算管理费、利润得出清单合价，最后用清单合价除以清单工程量得出综合单价。其示意如图 8-2 所示。

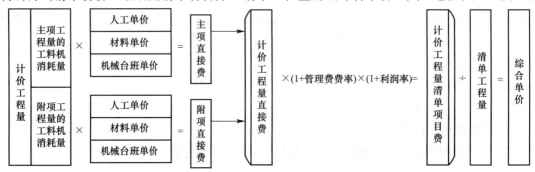

图 8-2　综合单价计算方法示意

3. 综合单价计算实例(见表 8-20)

表 8-20　工程量清单综合单价分析表

工程名称：××路面　　　　　　　　　　　　　　　　　　　　　　　

项目编码	040203007001		项目名称		水泥混凝土路面		计量单位			m^2
清单综合单价组成明细										
定额编号	定额名称	定额单位	数量	单价				合价		
				人工费	材料费	机械费	管理费和利润	人工费	材料费	机械费	管理费和利润
2-289	水泥混凝土路面	m^2	13 000	10.065	39.577	0.832	4.54	130 845	514 501	10 816	59 020
2-294	路面伸缩缝沥青玛蹄脂	m^2	31.20	10.38	69.60		7.20	323.86	2 171.52		224.64
2-298	锯缝机锯缝	m	4 654	1.92	0.784	1.155	0.35	8 935.68	3 648.736	5 375.37	1 628.9

项目编码	040203007001		项目名称	水泥混凝土路面		计量单位		m²
清单综合单价组成明细								

定额编号	定额名称	定额单位	数量	单价				合价			
				人工费	材料费	机械费	管理费和利润	人工费	材料费	机械费	管理费和利润
人工单价			小计					140 104.54	520 321.256	16 191.37	60 873.54
30 元/工日			未计价材料费								
清单项目综合单价								58.17			

材料费明细	主要材料名称、规格、型号	单位	数量	单价/元	合价/元	暂估单价/元	暂估合价/元
	C30 路面混凝土	m³	2 652	187	495 924.00		
	板枋材	m³	6.37	1 810	11 529.70		
	圆钉	kg	26	5.86	152.36		
	铁件	kg	845	3.66	3 092.70		
	水	m³	4 940	0.40	1 976.00		
	石粉	kg	397.49	0.08	31.80		
	石棉	kg	393.12	4.10	1 611.79		
	石油沥青 60 号	kg	396.24	1.25	495.30		
	煤	kg	99.84	0.20	19.97		
	木柴	kg	9.98	0.20	2.00		
	草袋	个	5 590	2.12	11 850.80		
	钢锯片	片	1 820	0.40	728.00		
	其他材料费			—	2 651.57	—	
	材料费小计			—	530 065.99		

8.7.4 措施项目费、其他项目费、规费、税金计算

1. 措施项目费

(1)单价措施项目费的概念。单价措施项目费是指工程量清单中，除分部分项工程量清单项目费外，为保证工程顺利进行，按照国家现行规定的建设工程施工及验收规范、规程要求，必须配套的工程内容所需的费用，如临时设施费、脚手架搭拆费等。

(2)单价措施项目费的计算方法。单价措施项目费与分部分项工程费的计算方法相同，也是根据清单工程量计价定额进行综合单价分析后再乘以单价措施项目工程量得出。

(3)总价措施项目费及其计算方法。总价措施项目费主要包括安全文明施工费、夜间施工费等费用。该类费用可分为竞争性费用(安全文明施工费)和非竞争性费用(夜间施工费等)。其计算方法按国家、省市或行业行政主管部门颁发的规定计算。一般以人工费或人工费加机械费为计算基数乘以规定的费率。

2. 其他项目费

(1)其他项目费的概念。其他项目费是指暂列金额、材料暂估价、总承包服务费、计日

工项目费、总承包服务费等估算金额的总和。其包括人工费、材料费、机械台班费、管理费、利润和风险费。

(2)其他项目费的确定。

1)暂列金额。暂列金额主要是指考虑可能发生的工程量变化和费用增加而预留的金额。引起工程量变化和费用增加的原因很多，主要有以下四个方面：

①单编制人员错算、漏算引起的工程量增加；

②设计深度不够、设计质量较低造成的设计变更引起的工程量增加；

③在施工过程中应业主要求，经设计或监理工程师同意的工程变更增加的工程量；

④其他原因引起应由业主承担的增加费用，如风险费用和索赔费用。

暂列金额由招标人根据工程特点，按有关计价规定进行估算确定，一般按分部分项工程量清单费的10％～15％作为参考。

暂列金额作为工程造价的组成部分计入工程造价。但暂列金额应根据发生的情况和必须通过监理工程师批准方能使用，未使用部分归业主所有。

2)暂估价。暂估价根据发布的清单计算，不得更改，暂估价中的材料必须按照暂估单价计入综合单价；专业工程暂估价必须按照其他项目清单中列出的金额填写。

3)计日工。计日工应按照其他项目清单列出的项目和估算的数量，自主确定各项综合单价并计算费用。

4)总承包服务费。总承包服务费应依据招标人在招标文件列出的分包专业工程内容和供应材料、设备情况，按照招标人提出协调、配合与服务要求和施工现场管理需要自主确定。

3. 规费

(1)规费的概念。规费是指根据省级政府或省级有关权力部门规定必须缴纳的，应计入建筑安装工程造价的费用。

(2)规费的内容。规费一般包括下列内容：

1)工程排污费是指按规定缴纳的施工现场的排污费。

2)养老保险费是指企业按规定标准为职工缴纳的养老保险费（指社会统筹部分）。

3)失业保险费是指企业按照国家规定标准为职工缴纳的失业保险费。

4)医疗保险费是指企业按规定标准为职工缴纳的基本医疗保险费。

5)生育保险费是指企业按规定标准为职工缴纳的生育保险费。

6)工伤保险费是指企业按规定标准为职工缴纳的工伤保险费。

7)住房公积金是指企业按规定标准为职工缴纳的住房公积金。

8)危险作业意外伤害保险是指按照《中华人民共和国建筑法》规定，企业为从事危险作业的建筑安装施工人员支付的意外伤害保险费。

(3)规费的计算。规费可以按"人工费"或"人工费＋机械费"作为基数计算。投标人在投标报价时必须按照国家或省级、行业建设主管部门的规定计算规费。规费的计算公式为

$$规费＝计算基数×对应的费率$$

4. 税金

税金是指国家税法规定的应计入建筑安装工程造价的增值税。其计算公式为

$$税金＝税前造价×11％$$

1. 简述工程量清单的概念。

2. 简述工程量清单报价的概念。

3. 编制工程量清单有哪些原则？

4. 简述工程量清单的编制内容。

5. 什么是措施项目清单？

6. 什么是其他项目清单？

7. 什么是综合单价？如何确定？

8. 工程量清单计价与定额计价的区别是什么？

9. 工程量清单有哪些表格？

10. 工程量清单报价有哪些表格？

11. 什么是计价工程量？如何计算？

12. 简述综合单价的编制依据。

13. 如何计算措施项目费？

14. 如何计算其他项目费？

15. 如何计算规费？

第9章 土石方工程工程量清单计价

本章学习要点

1. 土石方工程清单项目的工程量计算规则、计算方法。
2. 定额计价模式下土石方工程的计量与计价的步骤、方法。
3. 清单计价模式下土石方工程的计量与计价的步骤、方法。

引言

某排水工程 W1～W3 管段沟槽放坡开挖，采用反铲挖掘机挖土，开挖(沿沟槽方向作业)，人工辅助清底。土壤类别为三类干土；该管段原地面平均标高为 3.80 m，槽底平均标高为 1.60 m，施工组织设计确定沟槽底宽(含工作面)为 1.8 m，沟槽全长为 70 m，机械挖土挖至槽底标高以上 20 cm 处，其下采用人工开挖。试计算挖沟槽土方的清单工程量、定额工程量。挖沟槽土方的清单工程量、定额工程量的计算有什么区别？

9.1 土石方工程工程量清单编制

9.1.1 土石方工程工程量清单编制方法

1. 一般方法

编制前首先要根据设计文件和招标文件，认真读取拟建工程项目的内容，按照工程量计算规范的项目名称和项目特征，确定具体的分部分项工程名称，然后设置 12 位项目编码，参考《市政工程工程量计算规范》(GB 50857—2013)中列出的工程内容，确定分部分项工程量清单的工程内容，最后按《市政工程工程量计算规范》(GB 50857—2013)中规定的计量单位和工程量计算规则，计算出该分部分项工程量清单的工程量。

2. 土石方工程工程量清单项目

土石方工程工程量清单项目有土方工程、石方工程和回填方及土石方运输三节 10 个子项目。其中挖土方 5 个子项目，挖石方 3 个子项目，回填方及土石方运输 2 个子项目。

(1)挖一般土方是指在市政工程中，除挖沟槽、基坑、竖井等土方外的所有开挖土方工程项目。

(2)挖沟槽土石方是指在市政工程中，开挖底宽 7 m 以内，底长大于底宽 3 倍以上的土石方工程项目。其包括基础沟槽和管道沟槽等项目。

(3)挖基坑土石方是指在市政工程中，开挖底长小于底宽 3 倍以下，底面积在 150 m² 以内的土石方工程项目。

（4）暗挖隧道是指在土质隧道、地铁中除用盾构掘进和整井挖土方外，用其他方法挖洞内土方的工程项目。

（5）淤泥是在静水或缓慢的流水环境中沉积，经生物化学作用形成的一种黏性土。其特点是细（小于 0.005 mm 的黏性土颗粒 50％以上）、稀（含水量大于液限）、松（孔系比大于1.5）。挖淤泥是指在挖土方中，遇到与湿土不同的工程项目。

（6）回填方是指在市政工程中，所有开挖处，凡未为基础、构筑物所占据而形成的空间，需回填土方的工程项目。

（7）余土弃置是指将施工场地内多余的土方外运至指定地点的工程项目。

（8）缺方内运是指在施工场地外，将回填所缺少的土方运至施工场地内的工程项目。

3. 其他相关问题的处理

（1）挖方按天然密实度的体积计算，填方按土方压实后的体积计算，弃土按天然密实度的体积计算，缺方内运（外借土）按所需土方压实后的体积计算。土方换算按表 4-1 规定的系数计算。

（2）沟槽、基坑的土石方挖方中的地表水排除应在计价时考虑，在清单项目计价中。地下水排除应在措施项目中列项。

（3）挖方中包括场内运输，其范围是指挖填平衡和临时转堆的运输。

（4）在填方中，除应扣除基础、构筑物埋入的体积，对市政管道工程无论管道直径大小都应扣除。

9.1.2 土石方工程清单工程量计算

1. 挖一般土石方

（1）计算规则。按设计图示以体积计算。

（2）工程内容。工程内容包括排地表水、土方开挖、围护（挡土板）及拆除、基底钎探、场地运输。

微课：土石方清单
工程量计算

（3）计算方法。

1）场地平整可采用平均开挖深度乘以开挖面积的计算方法。

2）开挖线起伏变化不大时，采用方格网法的计算方法。方格网法的计算公式见表 4-7。

（4）横截面法。横截面法适用于起伏变化较大的地形或者狭长、挖填深度较大又不规则的地形，常见的市政道路工程路基横截面形式有填方路基、挖方路基、半填半挖路基和不填不挖路基。

根据路基横截面图（道路逐桩或施工横断面图）可以计算每个截面处的挖方/填方面积，取两相邻截面挖方/填方面积的平均值乘以相邻截面之间的中心线长度，计算相邻两截面间的挖方/填方工程量，合计可得整条道路的挖方/填方工程量。

横截面法的计算公式如下：

$$挖（或填）方总体积 V = \sum (A_i + A_j)/2 \times L_{i,j} \tag{9-1}$$

式中　A_i，A_j——两相邻设计断面面积；

　　　$L_{i,j}$——两相邻设计断面之间的距离。

2. 挖沟槽土石方

（1）计算规则。原地面线以下按构筑物最大水平投影面积乘以挖土深度（原地面平均高至槽坑底高度)以体积计算，如图 9-1 所示。

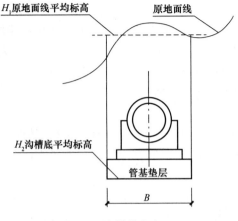

图 9-1 沟槽挖土方

(2)工程内容。工程内容包括工石方开挖，围护、支撑，场内运输，平整、夯实。

(3)计算方法。

$$V=L\times B\times(H_1-H_2) \tag{9-2}$$

式中 V——沟槽挖方体积(m^3)；

B——管基或垫层宽度，无垫层或基础时按管道外径计算(m)；

L——管基长度(m)；

H_1——原地面线平均标高(m)；

H_2——沟槽底平均标高(m)。

3. 挖基坑土石方

(1)计算规则。原地面线以下按构筑物最大水平投影面积乘以挖土深度(原地面线平均标高至坑底高度)以体积计算。

(2)工程内容。工程内容包括土石方开挖，围护、支撑，场内运输，平整、夯实。

(3)计算方法。

$$V=a\times b\times(H-h) \tag{9-3}$$

式中 V——基坑挖土体积(m^3)；

b——基坑底宽，即原地面线以下的构筑物最大宽度(m)；

a——基坑底长，即原地面线以下的构筑物最大长度(m)；

H——基坑原地面线平均标高(m)；

h——基坑底平均标高(m)。

4. 暗挖土方

(1)计算规则。按设计图示断面乘以长度以体积计算。

(2)工程内容。工程内容包括土方开挖，围护、支撑，洞内运输，场内运输。

5. 挖淤泥、流砂

(1)计算规则。按设计图示的位置及界限以体积计算。

(2)工程内容。工程内容包括挖淤泥，场内运输。

6. 回填方

(1)计算规则。

1)按设计图示尺寸以体积计算；

2)按挖方清单项目工程量减基础、构筑物埋入体积加原地面线至设计要求标高间的体积计算。

（2）工程内容。工程内容包括填方和压实。

7. 余方弃置

（1）计算规则。按挖方清单项目工程量减利用回填方体积（正数）计算。

（2）工程内容。工程内容包括余方点装料运输至弃置点。

8. 有关说明

（1）挖方应按天然密实度体积计算，填方应按压实后体积计算。

（2）沟槽、基坑、一般土石方的划分应符合下列规定：

1)底宽 7 m 以内，底长大于底宽 3 倍以上应按沟槽计算。

2)底长小于底宽 3 倍以下，底面积在 150 m² 以内，应按基坑计算。

3)超过上述范围，应按一般土石方计算。

9.1.3 土石方工程工程量清单编制实例

某道路工程位于某市三环内，设计红线宽 60 m，为城市快速道。工程设计起点 04＋00，设计终点 05＋00，设计全长为 100 m。道路断面形式为四块板，其中快车道 15 m×2，慢车道 7 m×2，中央绿化分隔带 5 m，快慢车道绿化分隔带 3 m×2，人行道 2.5 m×2；段内设污水、雨水管各 2 条。绿化分隔带内植树 90 棵。

道路路基土石方（三类土）工程量计算，参考道路纵断面图每隔 20 m 取一个断面，按由自然地面标高分别挖（填）至快车道、慢车道、人行道路基标高计算，树坑挖方量单独计算，树坑长宽为 0.8 m×0.8 m，深度 0.8 m。由于无挡墙、护坡设计，故土方计算至人行道嵌边石外侧。当原地面标高大于路基标高时，路基标高以上为道路挖方，以下为沟槽挖方，沟槽回填至路基标高；道路、排水工程土方按先施工道路土方，后施工排水土方计算。当原地面标高小于路基标高时，原地面标高至路基之间为道路回填，沟槽挖方、回填以原地面标高为准。

依据《计价规范》《市政工程工程量计算规范》（GB 50857—2013）、设计文件和工程招标文件编制道路、排水土石方工程工程量清单。

1. 计算道路路基土方工程量

（1）道路纵断面图标高数据见表 9-1。

表 9-1　道路纵断面图标高数据　　　　　　　　　　　　　　　　　　　　　　m

路面设计标高	515.820	516.120	516.420	517.200	517.020	517.320
路基设计标高	515.070	515.370	515.670	515.970	516.270	516.570
原地面标高	515.360	515.420	516.830	516.720	517.300	519.390
桩号	04＋00	04＋20	04＋40	04＋60	04＋80	05＋00

（2）道路路基土方工程量计算表（见表 9-2）。

表 9-2 道路路基土方工程量计算表

桩号	桩间距离/m	挖(填)土深度/m	挖(填)土宽/m	断面面积/m²	平均断面面积/m²	挖(填)土体积/m³
04+00		0.290	49	14.21		
	20				8.330	166.60
04+20		0.050	49	2.45		
	20				29.645	592.90
04+40		1.160	49	56.84		
	20				58.555	1 171.10
04+60		1.230	49	60.27		
	20				55.37	1 107.40
04+80		1.030	49	50.47		
	20				94.325	1 886.50
05+00		2.820	49	138.18		
合计						4 924.50

2. 计算挖树坑土方工程量

$$(0.8 \times 0.8 \times 0.8) \times 90 = 46.08 (m^2)$$

3. 计算绿化分隔带、树坑填土工程量

$$[(5 + 2 \times 3) \times 100 \times 0.7] + [(0.8 \times 0.8 \times 0.8) \times 90] = 816.08 (m^3)$$

4. 计算余土弃置工程量

4 878.42 m³(同路基土方挖方工程量)。

5. 计算缺方工程量

816.08 m³(同绿化分隔带、树坑填土工程量)。

6. 分部分项工程量清单汇总

分部分项工程量清单汇总见表 9-3。

表 9-3 分部分项工程量清单汇总

工程名称：某路基土方工程　　　　　标段：　　　　　　　　　　第 1 页 共 1 页

序号	项目编码	项目名称	项目特征描述	计量单位	工程量	金额/元		
						综合单价	合价	其中暂估价
1	040101001001	挖一般土方	1. 土壤类别：三类土； 2. 挖土深度：按设计	m³	4 878.42			
2	040101003001	挖基坑土方	1. 土壤类别：三类土； 2. 挖土深度：0.8 m	m³	46.08			

序号	项目编码	项目名称	项目特征描述	计量单位	工程量	金额/元		
						综合单价	合价	其中
								暂估价
3	040103001001	回填方	1. 填方材料品种：耕植土； 2. 密实度：松填	m³	816.08			
4	040103002001	余土弃置	1. 废弃料品种：所挖方土(三类)； 2. 运距：3 km	m³	4 878.42			
			本页小计					
			合计					

7. 编制措施项目清单

本工程措施项目确定为文明施工、安全施工、临时设施三个项目(见表9-4)。

表9-4 总价措施项目清单与计价表

工程名称：某路基土方工程　　　　　　标段：　　　　　　第1页 共1页

序号	项目编码	项目名称	计算基础	费率/%	金额/元	调整费率/%	调整后金额/元	备注
1		安全文明施工费						
2		夜间施工增加费						
3		二次搬运费						
4		冬、雨期施工增加费						
5		已完工程及设备保护费						
6		施工排水						
7		施工降水						
		合计						

编制人(造价人员)：　　　　　　　　　　　　　　　　复核人(造价工程师)：

8. 编制其他项目清单

本工程其他项目只列暂列金额8 000元(见表9-5、表9-6)。

表9-5 其他项目清单与计价汇总表

工程名称：某路基土方工程　　　　　　标段：　　　　　　第1页 共1页

序号	项目名称	金额/元	结算金额/元	备注
1	暂列金额		8 000	
2	暂估价			
2.1	材料(工程设备)暂估价/结算价			
2.2	专业工程暂估价/结算价			
3	计日工			
4	总承包服务费			

序号	项目名称	金额/元	结算金额/元	备注
5	索赔与现场签证			
	合计		8 000	

表 9-6　暂列金额明细表

工程名称：某路基土方工程　　　　　　　　标段：　　　　　　　　第 1 页　共 1 页

序号	项目名称	计量单位	暂定金额/元	备注
1	暂列金额	项	8 000	
	合计		8 000	

9. 规费、税金项目清单

本工程规费、税金项目清单见表 9-7。

表 9-7　规费、税金项目计价表

工程名称：某路基土方工程　　　　　　　　标段：　　　　　　　　第 1 页　共 1 页

序号	项目名称	计算基础	计算基数	计算费率/%	金额/元
1	规费	定额人工费			
1.1	社会保险费	定额人工费			
(1)	养老保险费	定额人工费			
(2)	失业保险费	定额人工费			
(3)	医疗保险费	定额人工费			
(4)	工伤保险费	定额人工费			
(5)	生育保险费	定额人工费			
1.2	住房公积金	定额人工费			
1.3	工程排污费	按工程所在地环境保护部门收取标准，按实计入			
2	税金	分部分项工程费＋措施项目费＋其他项目费＋规费－按规定不计税的工程设备金额			
	合计				

编制人(造价人员)：　　　　　　　　　　　　　　　　复核人(造价工程师)：

9.2　土石方工程工程量清单报价编制

9.2.1　土石方工程工程量清单报价编制方法

(1)确定计价依据和方法，主要是确定采用企业定额或者采用消耗量定额及费用计算方法。

（2）按照施工图纸及其施工方案的具体做法，根据每个分部分项工程量清单项目所对应的工作内容范围，确定每个分部分项工程量清单项目的计价项目。

（3）按照计价项目和对应定额规定的工程量计算规则计算计价项目的工程量。

9.2.2 土石方工程计价工程量计算

1. 计价项目的确定

（1）施工方案。本工程要求封闭施工，现场已具备"三通一平"，需要设施工便道以解决交通运输的问题。因地形复杂，土方工程量大，采用坑内机械挖土、辅助人工挖土的方法；挖土深度超过 1.5 m 的地段放坡，放坡系数为 1∶2.5。所有挖方均弃置于 5 km 外，所需绿化耕植土从 2 km 处运入。本工程无预留资金，所有材料由投标人自行采购。道路工程中的弯沉测试费列入措施项目清单，由企业自主报价。

（2）计价项目。项目为：机械挖路基土方、人工挖路基土方、人工挖树坑土方、人工填绿化分隔带耕植土、人工填树坑耕植土、土方机械外运、耕植土机械内运。

2. 计价项目的工程量计算

土石方工程计价项目的工程量按《全国统一市政工程预算定额》的规定计算。

道路土石方工程计价工程量计算见表 9-8。

表 9-8 计价工程量计算表

工程名称：某路基土方工程　　　　　　　　标段：　　　　　　　　第 1 页　共 1 页

序号	项目编码	定额编号	项目名称	单位	工程量	计算式
1	040101001001	1-237	反铲挖掘机挖路基土方（三类土）	m³	4 878.42	同清单工程量
2	040101003001	1-20	人工挖树坑土方（三类土）	m³	46.08	同清单工程量
3	040103001001	1-54	绿化分隔带、树坑	m³	816.08	同清单工程量
4	040103002001	1-271	自卸汽车余土弃置（3 km）	m³	4 878.42	同清单工程量

9.2.3 综合单价计算

1. 选用定额摘录

土石方工程计价项目的工程量按《全国统一市政工程预算定额》的规定计算（见表 9-9～表 9-13）。

表 9-9 人工平整场地、填土夯实、原土夯实

工作内容：挖土、装土或抛土于坑边 1 m 以外堆放，修整底边、边坡。　　　　计量单位：100 m³

	定额编号	1-16	1-17	1-18	1-19	1-20	1-21	1-22	1-23
	项目	一、二类土深度在（m 以内）				三类土深度在（m 以内）			
		2	4	6	8	2	4	6	8
	基价/元	839.93	1 122.83	1 356.74	1 708.17	1 429.09	1 703.00	1 948.37	2 369.69
其中	人工费/元	839.93	1 122.83	1 356.74	1 708.17	1 429.09	1 703.00	1 948.37	2 369.69
	材料费/元	—	—	—	—	—	—	—	—
	机械费/元	—	—	—	—	—	—	—	—

定额编号			1-16	1-17	1-18	1-19	1-20	1-21	1-22	1-23
名称	单位	单价/元					数量			
综合人工	工日	22.47	37.38	49.97	60.38	76.02	63.60	75.79	86.71	105.46

表 9-10 人工平整场地、填土夯实、原土夯实

工作内容：1. 场地平整：厚度30 cm内的就地挖填，找平；2. 松填土：5 m内的就地取土，铺平；3. 填土夯实：填土、夯土、运水、洒水；4. 原土夯实：打夯。

定额编号			1-53	1-54	1-55	1-56	1-57	1-58
项目			平整场地	松填土	填土夯实		原土夯实	
					平地	槽、坑	平地	槽、坑
			100 m²	100 m³	100 m³		100 m²	
基价/元			142.46	323.12	763.33	892.31	36.85	42.02
其中	人工费/元		142.46	323.12	762.63	891.61	36.85	42.02
	材料费/元		—	—	0.70	0.70	—	—
	机械费/元		—	—	—	—	—	—
名称	单位	单价/元						
人工	综合人工	工日	224.7	6.34	14.8	33.94	39.68	1.64	1.87
材料	水	m³	—	—	1.55	1.55	—	—

注：坑槽一侧填土时，乘以系数1.13。

表 9-11 挖掘机挖土方

工作内容：1. 挖土，将土堆放在一边或装车，清理机下余土；2. 工作面内排水，清理边坡。计量单位：1 000 m³

定额编码			1-233	1-234	1-235	1-236	1-237	1-238
项目			反铲挖掘机(斗容量1.0 m³)不装车			反铲挖掘机(斗容量1.0 m³)装车		
			一类土	二类土	四类土	二类土	三类土	四类土
基价/元			1 618.87	1 901.56	2 151.11	2 716.20	3 202.83	3 627.53
其中	人工费/元		134.82	134.32	134.82	134.82	134.82	134.82
	材料费/元		—	—	—	—	—	—
	机械费/元		1 484.05	1 766.74	2 016.29	2 581.38	3 068.01	3 492.71
名称		单位	单价/元			数量			
人工	综合人工	工日	22.47	6.00	6.00	6.00	6.00	6.00	6.00
材料	履带式单斗挖掘机	台班	862.31	2.10	2.50	2.85	2.43	2.89	3.29
	履带式推土机75 kW	台班	443.82	0.21	0.25	0.29	2.19	2.60	2.96

表 9-12　自卸汽车运土

工作内容：运土、卸土、场内道路洒水　　　　　　　　　　　　　　　　　计量单位：1 000 m³

定额编号				1-270	1-271	1-272	1-273	1-274
项目				自卸汽车（载重 4.5 t 以内）运距（km 以内）				
				1	3	5	7	9
基价/元				4 585.75	8 265.28	10 697.19	13 356.00	15 989.49
其中	人工费/元			—	—	—	—	—
	材料费/元			5.40	5.40	5.40	5.40	5.40
	机械费/元			4 680.35	8 260.8	10 691.70	13 350.60	15 984.09
	名称	单位	单价/元	数量				
材料	水	m³	0.45	12.00	12.00	12.00	12.00	12.00
机械	自卸汽车 4.5 t	台班	253.22	17.85	32.00	41.60	52.10	62.50
	洒水汽车 4 000 L	台班	253.07	0.60	0.60	0.60	0.60	0.60

表 9-13　装载机装松散土

工作内容：铲土装车，修理边坡，清理机下余土。　　　　　　　　　　　　计量单位：1 000 m³

定额编号				1-257	1-258	1-259
项目				装载机 1 m³	装载机 1.5 m³	装载机 3 m³
基价/元				1 083.56	1 024.40	1 220.00
其中	人工费/元			134.82	134.82	134.82
	材料费/元			—	—	—
	机械费/元			948.74	889.58	1 085.18
	名称	单位	单价	数量		
人工	综合人工	工日	22.47	6.00	6.00	6.00
机械	轮胎式装载机 1 m³	台班	337.63	2.81	—	—
	轮胎式装载机 1.5 m³	台班	376.94	—	2.36	—
	轮胎式装载机 3 m³	台班	609.65	—	—	1.78

2. 人工、材料、机械市场价

根据市场行情和企业自身具体情况，本工程确定的人工、材料、机械单价见表 9-14。

表 9-14　人工、材料、机械单价

序号	名称	单位	单价/元	序号	名称	单位	单价/元
1	人工	工日	35.00	5	自卸汽车 4.5t	台班	250.00
2	水	m³	1.50	6	洒水汽车 4 000 L	台班	270.00
3	履带式单斗挖掘机 1 m³	台班	650.00	7	轮胎式装载机 1 m³	台班	335.00
4	履带式推土机 75 kW	台班	440.00	8	耕植土	m³	5.50

3. 综合单价计算

综合单价计算见表 9-15～表 9-18。

表 9-15　工程量清单综合单价分析表

工程名称：某路基土方工程　　　　　　标段：　　　　　　　第 1 页　共 5 页

项目编码	040101001001	项目名称	挖一般土方	计量单位	m³	工程量	
清单综合单价组成明细							

定额编号	定额项目名称	定额单位	数量	单价				合价			
				人工费	材料费	机械费	管理费和利润	人工费	材料费	机械费	管理费和利润
1-237	挖掘机挖路基土方	m³	4 878.42	0.205 6		3.022	0.225	1 003.00		14 742.59	1 097.64

人工单价	小计		1 003.00		14 742.59	1 097.64
35 元/工日	未计价材料费					
清单项目综合单价			3.45			

材料明细	主要材料名称、规格、型号	单位	数量	单价/元	合价/元	暂估单价/元	暂估合价/元
	其他材料费						
	材料费小计						

表 9-16　工程量清单综合单价分析表

工程名称：某路基土方工程　　　　　　标段：　　　　　　　第 2 页　共 5 页

项目编码	040101003001	项目名称	挖基坑土方	计量单位	m³	工程量	
清单综合单价组成明细							

定额编号	定额项目名称	定额单位	数量	单价				合价			
				人工费	材料费	机械费	管理费和利润	人工费	材料费	机械费	管理费和利润
1-20	人工挖树坑土方	m³	46.08	26.606			1.862	1 226.00			85.80

人工单价	小计		1 226.00			85.80
35 元/工日	未计价材料费					
清单项目综合单价			28.47			

材料明细	主要材料名称、规格、型号	单位	数量	单价/元	合价/元	暂估单价/元	暂估合价/元
	其他材料费						
	材料费小计						

表 9-17 工程量清单综合单价分析表

工程名称：某路基土方工程　　　　　　　　标段：　　　　　　　　

项目编码	040103001001	项目名称	回填方	计量单位	m³	工程量	

清单综合单价组成明细

定额编号	定额项目名称	定额单位	数量	单价				合价			
				人工费	材料费	机械费	管理费和利润	人工费	材料费	机械费	管理费和利润
1-54	绿化带坑人工回填土	m³	816.08	5.033			0.352	4 107.33			287.26
人工单价		小计						4 107.33			287.26
35 元/工日		未计价材料费									
清单项目综合单价								5.39			

材料费明细	主要材料名称、规格、型号	单位	数量	单价/元	合价/元	暂估单价/元	暂估合价/元
	其他材料费						
	材料费小计						

表 9-18 工程量清单综合单价分析表

工程名称：某路基土方工程　　　　　　　　标段：　　　　　　　　

项目编码	040103002001	项目名称	余土弃置	计量单位	m³	工程量	

清单综合单价组成明细

定额编号	定额名称	定额单位	数量	单价				合价			
				人工费	材料费	机械费	管理费和利润	人工费	材料费	机械费	管理费和利润
1-271	自卸汽车余土弃置	m³	4 878.42		0.017	8.162	0.572		82.93	39 817.66	2 790.45
人工单价		小计							82.93	39 817.66	2 790.45

项目编码	040103002001	项目名称	余土弃置	计量单位	m³	工程量	
35元/工日		未计价材料费					
清单项目综合单价					8.75		

材料费明细	主要材料名称、规格、型号	单位	数量	单价/元	合价/元	暂估单价/元	暂估合价/元
	水	m³	58.54	1.5	87.81		
	其他材料费						
	材料费小计				87.81		

9.2.4 分部分项工程量清单计价计算

根据表9-3(某路基土方工程工程量清单)、表9-15～表9-18综合单价，计算分部分项工程量清单与计价表，见表9-19。

表9-19 分部分项工程量清单与计价表

工程名称：某路基土方工程　　　　　标段：　　　　　　　　　第1页　共1页

序号	项目编码	项目名称	项目特征描述	计量单位	工程量	金额/元		
						综合单价	合价	其中 暂估价
1	040101001001	挖路基土方	1. 土壤类别：三类土； 2. 挖土深度：按设计	m³	4 878.42	3.45	16 830.55	
2	040101003001	挖树坑土方	1. 土壤类别：三类土； 2. 挖土深度：0.8 m	m³	46.08	28.47	1 311.9	

序号	项目编码	项目名称	项目特征描述	计量单位	工程量	综合单价	合价	其中暂估价
3	040103001001	绿化分隔带、树坑填土	1. 填方材料品种：耕植土； 2. 密实度：松填	m³	816.08	5.39	4 398.67	
4	040103002001	余土弃置	1. 废弃料品种：所挖方土(三类)； 2. 运距：3 km	m³	4 878.42	8.75	42 686.18	
5	040103001002	缺方内运	1. 填方材料品种：耕植土(三类)； 2. 运距：2 km	m³	816.08	16.59	13 538.77	
			小计				78 766.07	
			合计				78 766.07	

9.2.5 措施项目费确定

按某地区现行规定，本工程文明施工费不得参与竞争，按人工费的30%计取。费用计算见表9-20。

表9-20 总价措施项目清单与计价表

工程名称：某路基土方工程　　　　　　标段：　　　　　　　第1页　共1页

序号	项目编码	项目名称	计算基础	费率/%	金额/元	调整费率/%	调整后金额/元	备注
1		安全文明施工费	人工费	30	2 055.27			
2		夜间施工增加费						
3		二次搬运费						
4		冬、雨期施工增加费						
5		已完工程及设备保护费						
6		施工排水						
7		施工降水						
		合计			2 055.27			

编制人(造价人员)：　　　　　　　　　　　　　　复核人(造价工程师)：

9.2.6 其他项目费确定

本工程其他项目费只有业主发布工程量清单时提出的暂列金额为8 000元，见表9-21、表9-22。

表 9-21　其他项目清单与计价汇总表

工程名称：某路基土方工程　　　　　　　　标段：　　　　　　　　第 1 页　共 1 页

序号	项目名称	金额/元	结算金额/元	备注
1	暂列金额		8 000	
2	暂估价			
2.1	材料(工程设备)暂估价/结算价			
2.2	专业工程暂估价/结算价			
3	计日工			
4	总承包服务费			
5	索赔与现场签证			
合计			8 000	

表 9-22　暂列金额明细表

工程名称：某路基土方工程　　　　　　　　标段：　　　　　　　　第 1 页　共 1 页

序号	项目名称	计量单位	暂定金额/元	备注
1	暂列金额	项	8 000	
2				
合计			8 000	

9.2.7　规费、税金计算及汇总单位工程报价

某地区现行规定，社会保险费按人工费的 16% 计算；住房公积金按人工费的 6% 计算。另外，增值税税率为 11%，计算内容见表 9-23、表 9-24。

表 9-23　规费、税金项目计价表

工程名称：某路基土方工程　　　　　　　　标段：　　　　　　　　第 1 页　共 1 页

序号	项目名称	计算基础	计算基数	计算费率/%	金额/元
1	规费	定额人工费			1 507.19
1.1	社会保险费	定额人工费		16	1 096.14
(1)	养老保险费	定额人工费			
(2)	失业保险费	定额人工费			
(3)	医疗保险费	定额人工费			
(4)	工伤保险费	定额人工费			
(5)	生育保险费	定额人工费			
1.2	住房公积金	定额人工费		6	411.05
1.3	工程排污费	按工程所在地环境保护部门收取标准，按实际计入			

序号	项目名称	计算基础	计算基数	计算费率/%	金额/元
2	税金	分部分项工程费＋措施项目费＋其他项目费＋规费－按规定不计税的工程设备金额		11	9 936.14
	合计				11 443.33

编制人(造价人员)：　　　　　　　　　　　　　　　　复核人(造价工程师)：

表 9-24　单位工程招标控制价/投标报价汇总表

工程名称：某路基土方工程　　　　　　　　标段：　　　　　　　　第1页　共1页

序号	汇总内容	金额/元	其中：暂估价/元
1	分部分项工程	78 766.07	
2	措施项目	2 055.27	
2.1	其中：安全文明施工费	2 055.27	
3	其他项目	8 000	
3.1	其中：暂列金额	8 000	
3.2	其中：专业工程暂估价		
3.3	其中：计日工		
3.4	其中：总承包服务费		
4	规费	1 507.19	
5	税金	9 936.14	
	招标控制价合计＝1＋2＋3＋4＋5	100 264.67	

9.2.8　填写投标总价表

根据表 9-24 中的单位工程造价汇总数据，填写投标总价，见表 9-25。

表 9-25　投标总价

投 标 总 价

招标人：＿＿＿＿＿＿＿＿＿××市重点建设办公＿＿＿＿＿＿＿＿

工程名称：＿＿＿＿＿＿＿＿××路基土石方＿＿＿＿＿＿＿＿＿

投标总价(小写)：＿＿100 264.67＿＿＿＿＿＿＿＿＿＿＿＿＿

　　(大写)：＿＿壹拾万零贰佰陆拾肆元陆角柒分＿＿＿＿＿＿＿

投 标 人：＿＿＿＿＿＿＿＿××市政建设公司＿＿＿＿＿＿＿＿

　　　　　　　　　(单位盖章)

法定代表人

或其授权人：＿＿＿＿＿＿＿＿×××＿＿＿＿＿＿＿＿＿＿＿＿

　　　　　　　　　(签字或盖章)

编 制 人：＿＿＿＿＿＿＿＿×××＿＿＿＿＿＿＿＿＿＿＿＿

　　　　　　　　(造价人员签字盖专用章)

时　　间：　　年 月 日

1. 土石方工程工程量清单有哪些项目?
2. 如何挖沟槽土石方?
3. 如何挖基坑土石方?
4. 怎样计算余土弃置工程量?
5. 如何编制土方工程工程量清单?
6. 如何确定土方工程的计价项目?
7. 如何计算土石方工程的计价工程量?
8. 如何编制土石方工程的清单报价?

第 10 章　道路工程工程量清单计价

本章学习要点

1. 道路工程清单项目的工程量计算规则、计算方法。
2. 道路工程招标工程量清单编制步骤、方法、要求。
3. 道路工程清单计价(投标报价)的步骤、方法、要求。

引言

某道路工程，道路横断面为 4 m 人行道＋18 m 车行道＋4 m 人行道，车行道采用沥青混凝土路面，试问：沥青混凝土路面的清单工程量与定额工程量相同吗？计算规则有哪些不同？

10.1　道路工程工程量清单编制

10.1.1　道路工程工程量清单编制方法

1. 道路工程工程量清单项目

道路工程工程量清单项目有路基处理、道路基层、道路面层、人行道及其他、交通管理设施 5 节 80 个子目，其中路基处理 23 个子目、道路基层 16 个子目、道路面层 9 个子目、人行道及其他8 个子目、交通管理设施 24 个子目。

微课：沥青道路清单
工程量计算

2. 道路工程工程量清单计算规则

(1)路基处理。不同的路基处理方法，工程量计算规则不同，例如，预压地基、强夯地基、振冲密实(不填料)处理路基，按照设计图示的尺寸以加固面积计算。

采用掺石灰、掺干土、掺石、抛石挤淤的方法处理路基，按照设计图示的尺寸以体积计算。袋装砂井、塑料排水板，按照设计图示的尺寸以长度计算。

(2)道路基层和道路面层均按不同结构分层设置清单项目。道路基层按设计道路底基层图示尺寸以面积计算，不扣除各类井所占面积；道路面层的清单工程量均按设计图示尺寸以面积计算，不扣除各种井所占面积，带平石的面层应扣除平石所占面积。

方法：道路基层和道路面层面积等于道路直线段面积，加上道路交叉路口转角面积(带平石的面层应扣除平石宽度计算)。

直线段面积等于道路设计长度乘以设计车行道宽度。

交叉路口转角面积的计算：道路交叉路口有直交和斜交两种形式，如图 10-1(a) 和图 10-2 所示。计算交叉路口转角面积实际上就是计算这几处阴影部分面积。现将上述两种情况分述如下。

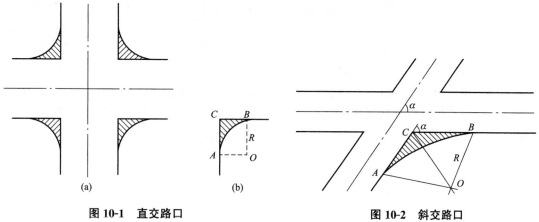

图 10-1　直交路口
(a)直交路口形式；(b)转角面积计算示意

图 10-2　斜交路口

1)直交路口转角面积(即阴影面积)的计算方法。如图 10-1(b)所示，直交道路交叉口的一角，R 为平曲线半径，即路口转弯半径。AC 和 BC 是两条道路的路边侧石线，也就是平曲线的两条切线。因为是直交，两路边相交 $90°$，所以四边形 $AOBC$ 是正方形。这个正方形的面积由路口转弯面积 ACB 和扇形面积 AOB 组成。AOB 是扇形的一个特例，是以 R 为半径的一个圆的 $1/4$，因此，可以求得转角面积 ACB，用 A 表示。

$$A = R^2 - 1/4 \cdot R^2 \cdot \pi = 0.214\,6R^2 \tag{10-1}$$

用同样的方法可以求得其余三处转角面积。如各角转弯半径都相等，则四个角的总面积为

$$F = 4A = 4 \times 0.214\,6R^2 = 0.858\,4R^2 \tag{10-2}$$

2)斜交路口转角面积(即阴影面积)的计算方法。如图 10-2 所示的两条相交的道路，α 是两条道路的交角，也等于圆心角(中心角)，R 表示路口转弯半径。因为是斜交，所以形成四个不相同的路口转角面积。现取其中一例，求它的面积。

将四边形 $ACBO$ 分成 $\triangle ACO$、$\triangle BCO$ 两个完全相等的直角三角形计算面积，再减去扇形 OAB 面积，即得出阴影面积。

设四边形 $ACBO$ 面积为 A_1：

$$A_1 = 2 \cdot 1/2 \cdot AC \cdot R = R \cdot \tan(\alpha/2) \cdot R = R^2 \cdot \tan(\alpha/2)$$

设扇形 ABO 面积为 A_2：

$$A_2 = \alpha/360 \cdot \pi \cdot R^2 = 0.008\,73\,R^2\alpha$$

故所求的路口转角面积(即阴影部分)为 F：

$$F = A_1 - A_2 = R^2 \cdot \tan(\alpha/2) - 0.008\,73\,R^2\alpha$$

则

$$F = R^2[\tan(\alpha/2) - 0.008\,73\alpha] \tag{10-3}$$

用同样的方法可以求得其余三处转角面积。相邻的两个转角的圆心角是互为补角的，即一个中心角是 α，另一个中心角是 $(180° - \alpha)$。

在计算两条相交道路之中的一条面积时，一般要计算到道路交叉口的范围，即一条道

路的直线部分面积加上四个转角面积，但如果同时计算两条道路的面积，则应减去它们在交叉口处的重叠部分。如果两条道路相交的路面结构不同，则必须分别计算面积，支路面积应该从交叉口范围以外开始计算。

(3)道路工程中人行道结构，无论现浇或铺砌，均按设计图示尺寸并根据实铺面积以平方米计算，不扣除各种井所占面积。方法：人行道面积等于直线段面积加人行道转弯面积；直线段面积等于人行道长度乘以人行道宽度；人行道转弯面积等于人行道中心线弧形长度乘以人行道宽度。

(4)侧(平、缘)石无论现浇或铺砌，均按设计图示中心线长度以米计算。侧(平、缘)石长度等于道路两侧直线段长度加道路转弯处弧形长度之和；直线段长度等于道路中线长度减转弯处切线长度 T；弧形长度的计算如图 10-3 所示的两种人行道情况。

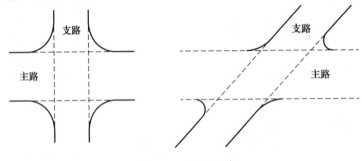

图 10-3　斜交路口

1)道路直交。如图 10-4 所示，设一个转角的转弯侧(平、缘)石弧形长度为 L，则 L 等于以 R 为半径所作的圆周长的 1/4。即

$$L=1/4 \cdot 2\pi R=1/2 \cdot \pi R=1.570\ 8\ R \tag{10-4}$$

如有四个转角，且转弯半径相等，则总长 L_0 为

$$L_0=4L=2\pi R \tag{10-5}$$

2)道路斜交。如图 10-5 所示，转弯侧(平、缘)石长度 L 是以 R 为半径，以 α 为圆心角的一段圆弧。用圆弧公式得 $L=\alpha\pi R/180$，则

$$L=0.017\ 45R\alpha \tag{10-6}$$

用同样方法，可以求得其余三处转弯侧(平、缘)石的长度，注意相邻角以(180°$-\alpha$)代入公式的 α。

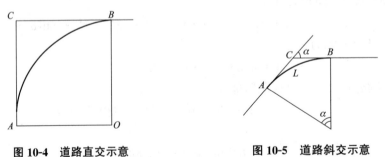

图 10-4　道路直交示意　　　图 10-5　道路斜交示意

(5)检查井升降，按设计图示路面标高与原检查井发生正负高差的检查井的数量以座计算。

(6)树池砌筑，按设计图示数量以个计算。

3. 道路工程技术措施清单项目

根据道路工程的特点及常规的施工组织设计，道路工程通常可能有以下技术措施清单项目：

(1)大型机械设备进出场及安拆。工程量按使用机械设备的数量计算，计量单位为台·次。

具体包括哪些大型机械的进出场及安拆，须结合工程的实际情况、结合工程的施工组织设计确定。

(2)其他现浇构件模板。工程量按混凝土与模板接触面的面积计算，计量单位为 m²。

微课：水泥混凝土
路面清单项目之
定额工程量计算

其他现浇构件模板包括道路工程中的水泥混凝土道路面层模板、现浇混凝土人行道模板、现浇混凝土侧(平)石模板等。

(3)便道。工程量按设计图示尺寸以面积计算，计量单位为 m²。

10.1.2 道路工程清单与计价工程量计算规则的区别

道路工程清单与计价工程量计算规则的区别，见表 10-1。

表 10-1 道路工程清单与计价工程量计算规则对照表

项目	清单	计价
土石方	1. 道路工程挖、填一般土石方的工程量按图示原地面线与路基设计线之间的体积以立方米计算。 2. 余方弃置的工程量按挖方量减可利用回填土方量计算。 3. 缺方内运的工程量按回填土方量减可利用回填土方量计算	
道路基层	道路基层和道路面层的工程量均以设计图示尺寸以面积计算，不扣除各种井所占面积	路床(槽)碾压宽度、基层宽度计算应按设计车行道宽度另计两侧加宽值，加宽值按设计图纸要求(或按各地区规定)计算
道路面层		道路面层的工程量均以设计图示尺寸以面积计算，不扣除各种井所占面积
人行道及其他	1. 道路工程中人行道结构，无论现浇或铺砌，均按设计图示尺寸按实铺面积以平方米计算，不扣除各种井所占面积(计价时需扣除树池所占面积)。 2. 侧(平、缘)石，无论现浇或铺砌，均按设计图示中心线长度以米计算	

10.1.3 道路工程工程量清单编制实例

1. 计算条件和情况

某道路工程路面结构为两层式石油沥青混凝土路面，路段长度为 700 m，路面宽度为 14 m，基层宽度为 14.5 m，石灰基层的厚度为 20 cm，石灰剂量为 8%。沥青路面分两层，上层是细粒式沥青混凝土 3 cm 厚，下层为中粒式沥青混凝土 6 cm 厚。根据上述条件和清单计价规范编制该项目的分部分项工程量清单。

根据开工路段需要维持正常交通车辆通行的情况，应设置现场施工防护围栏。另外，根据招标文件的规定，应计算文明施工、安全施工的费用。

招标文件规定了暂列金额为 12 000 元。

2. 分部分项工程量清单编制

(1)确定分部分项工程量清单项目。根据道路路面工程的条件和《市政工程工程量计算规范》(GB 50857—2013)列出的项目见表 10-2。

表 10-2 某路面工程分部分项工程量清单列项

序号	项目编码	项目名称	项目特征	计量单位	备注
1	040202002001	石灰稳定土基层	1. 厚度：20 cm； 2. 含灰量：8%	m^2	
2	040203006001	沥青混凝土面层	1. 沥青混凝土品种：AC20 中粒式沥青混凝土； 2. 石料最大粒径：20 mm； 3. 厚度：60 mm	m^2	
3	040203006002	沥青混凝土面层	1. 沥青混凝土品种：AC15 细粒式沥青混凝土； 2. 石料最大粒径：5 mm； 3. 厚度：30 mm	m^2	

（2）清单工程量计算。根据前面的计算条件，计算某路面工程的清单工程量。

1）灰稳定土基层。

$$S=14.5\times700.0=10\,150(m^2)$$

2）中粒式沥青混凝土面层。

$$S=14\times700.0=9\,800(m^2)$$

3）细粒式沥青混凝土面层。

$$S=14\times700.0=9\,800(m^2)$$

（3）填写分部分项工程量清单。填好的分部分项工程量清单见表 10-3。

表 10-3 分部分项工程量清单

工程名称：某路面工程　　　　　　　　　标段：　　　　　　　　第 1 页　共 1 页

序号	项目编码	项目名称	项目特征描述	计量单位	工程量	综合单价	合价	其中 暂估价
1	040202002001	石灰稳定土基层	1. 厚度：20 cm； 2. 含灰量：8%	m^2	10 150			
2	040203006001	沥青混凝土面层	1. 沥青混凝土品种：AC20 中粒式沥青混凝土； 2. 石料最大粒径：20 mm； 3. 厚度：60 mm	m^2	9 800			
3	040203006002	沥青混凝土面层	1. 沥青混凝土品种：AC15 细粒式沥青混凝土； 2. 石料最大粒径：5 mm； 3. 厚度：30 mm	m^2	9 800			
			本页小计					
			合计					

（4）编制措施项目清单。根据上述条件和招标文件，编制措施项目清单，见表10-4。

表 10-4　总价措施项目清单与计价表

工程名称：某路面工程　　　　　　　　　　　　标段：　　　　　　　　第1页　共1页

序号	项目编码	项目名称	计算基础	费率/%	金额/元	调整费率/%	调整后金额/元	备注
		安全文明施工费						
		夜间施工增加费						
		二次搬运费						
		冬、雨期施工增加费						
		已完工程及设备保护费						
		施工排水						
		施工降水						
		合计						

编制人（造价人员）：　　　　　　　　　　　　　　　复核人（造价工程师）：

（5）编制其他项目清单。根据上述条件和招标文件，编制其他项目清单，见表10-5。

表 10-5　其他项目清单与计价汇总表

工程名称：某路面工程　　　　　　　　　　　　标段：　　　　　　　　第1页　共1页

序号	项目名称	金额/元	结算金额/元	备注
1	暂列金额		12 000	明细详见表10-6
2	暂估价			
2.1	材料（工程设备）暂估价/结算价			
2.2	专业工程暂估价/结算价			
3	计日工			
4	总承包服务费			
5	索赔与现场签证			
	合计		12 000	

表 10-6　暂列金额明细表

工程名称：某路面工程　　　　　　　　　　　　标段：　　　　　　　　第1页　共1页

序号	项目名称	计量单位	暂定金额/元	备注
1	暂列金额	项	12 000	
	合计		12 000	

规费、税金项目计价表见表10-7。

表 10-7　规费、税金项目计价表

工程名称：某路面工程　　　　　　　　标段：　　　　　　　　第 1 页　共 1 页

序号	项目名称	计算基础	计算费率/%	金额/元
1	规费	定额人工费		.
1.1	社会保险费	定额人工费		
(1)	养老保险费	定额人工费		
(2)	失业保险费	定额人工费		
(3)	医疗保险费	定额人工费		
(4)	工伤保险费	定额人工费		
(5)	生育保险费	定额人工费		
1.2	住房公积金	定额人工费		
1.3	工程排污费	按工程所在地环境保护部门收取标准，按实计入		
2	税金	分部分项工程费＋措施项目费＋其他项目费＋规费－按规定不计税的工程设备金额		
合计				

编制人(造价人员)：　　　　　　　　　　　　　　　复核人(造价工程师)：

10.2　道路工程工程量清单报价编制实例

10.2.1　路面工程计价工程量计算

根据上述条件及工程量清单、《计价规范》《市政工程工程量计算规范》(GB 50857—2013)、《全国统一市政工程预算定额》计算某路面工程计价工程量。

(1)灰稳定土基层。

$$S=14.5\times700=10\ 150(\text{m}^2)$$

(2)中粒式沥青混凝土面层。

$$S=14\times700=9\ 800(\text{m}^2)$$

(3)细粒式沥青混凝土面层。

$$S=14\times700=9\ 800(\text{m}^2)$$

10.2.2　综合单价计算

1. 选用定额摘录

路面工程选用的《企国统一市政工程预算定额》摘录见表 10-8～表 10-10。

表 10-8　石灰土基层

工作内容：放样、清理路床、人工运料、上料、铺石灰，焖水，配料拌和、找平、碾压、人工处理碾压不到之处，清除杂物。　　　　　　　　　　　　　　　　　　　　　计量单位：100 m²

定额编号				2-45	2-44	2-47	2-48	2-49
项目				厚度 20 cm				
				含灰量/%				
				5	8	10	12	14
基价/元				646.16	792.49	891.33	991.33	1 075.91
其中	人工费/元			401.76	425.13	441.98	460.19	462.66
	材料费/元			206.63	329.65	411.64	493.43	575.54
	机械费/元			37.71	37.71	37.71	37.71	37.71
	名称	单位	单价/元	数量				
人工	综合人工	工日	22.47	17.88	18.92	19.67	20.48	20.59
材料	生石灰	t	120.00	1.70	2.72	3.10	4.08	4.76
	黄土	m³		(28.41)	(27.51)	(25.91)	(28.31)	(25.71)
	水	m³	0.45	3.69	3.58	3.54	3.06	3.29
	其他材料费	%		0.50	0.50	0.50	0.50	0.50
机械	光轮压路机 12 t	台班	263.69	0.072	0.072	0.072	0.072	0.072
	光轮压路机 15 t	台班	297.14	0.063	0.063	0.063	0.063	0.063

表 10-9　中粒式沥青混凝土路面

工作内容：清扫路基、整修侧缘石、测温、摊铺、接茬、找平、点补、撒垫料、清理。

计量单位：100 m²

定额编号				2-276	2-277	2-278	2-279	2-280
项目				机械摊铺				
				厚度/cm				
				3	4	5	6	每增减 1
基价/元				139.06	168.47	190.50	210.42	49.5
其中	人工费/元			41.34	49.43	54.38	59.77	10.55
	材料费/元			9.29	12.30	14.82	18.54	24.74
	机械费/元			88.44	106.74	121.30	132.11	14.55
	名称	单位	单价/元	数量				
人工	综合人工	工日	22.47	1.84	2.20	2.42	2.66	0.47
材料	中粒式沥青混凝土	m³		(3.030)	(4.040)	(5.050)	(6.060)	(1.010)
	煤	t	169.00	0.010	0.013	0.013	0.02	0.003
	木柴	kg	0.21	1.600	2.100	2.600	3.200	0.530
	柴油	t	2 400.00	0.003	0.004	0.005	0.006	0.010
	其他材料费	%		0.50	0.50	0.50	0.50	0.05
机械	光轮压路机 8 t	台班	208.57	0.109	0.132	0.150	0.163	0.018
	光轮压路机 15 t	台班	297.14	0.109	0.132	0.150	0.163	0.018
	沥青混凝土摊铺机 8 t	台班	605.86	0.055	0.066	0.075	0.082	0.009

表 10-10　细粒式沥青混凝土路面

工作内容：清扫路基、整修侧缘石、测温、摊铺、接茬、找平、点补、撒垫料、清理。

计量单位：100 m²

定额编号			2-281	2-282	2-283	2-284	2-285	2-286
项目			人工摊铺			机械摊铺		
			厚度/cm					
			2	3	每增减 0.5	2	3	每增减 0.5
基价/元			119.62	160.18	40.12	122.06	163.16	37.28
其中	人工费/元		59.77	79.09	19.10	37.08	48.76	8.09
	材料费/元		6.24	9.28	2.81	6.21	9.28	2.81
	机械费/元		53.61	71.81	18.21	78.74	105.12	26.38
	名称	单位	单价/元	数量				
人工	综合人工	工日	2 247	2.66	3.52	0.85	1.65	2.17	0.36
材料	细粒式沥青混凝土	m³		(2.020)	(3.030)	(0.510)	(2.020)	(3.030)	(0.051)
	煤	t	169.00	0.007	1.010	0.002	0.007	0.010	0.002
	木柴	kg	0.21	1.100	1.600	0.300	1.100	1.600	0.300
	柴油	t	2 400.00	0.002	0.003	0.001	0.002	0.003	0.001
	其他材料费	%		0.50	0.50	0.5	0.50	0.50	0.50
机械	光轮压路机 8 t	台班	208.57	0.106	0.142	0.036	0.097	0.130	0.033
	光轮压路机 15 t	台班	297.14	0.106	0.142	0.036	0.097	0.130	0.033
	沥青混凝土摊铺机 8 t	台班	605.86				0.049	0.065	0.016

2. 人工、材料、机械市场价

根据市场行情和企业自身情况，本工程确定的人工、材料、机械单价见表 10-11。

表 10-11　人工、材料、机械单价表

序号	名称	单位	单价/元	序号	名称	单位	单价/元
1	人工	工日	32.00	8	柴油	kg	4.90
2	生石灰	kg	0.15	9	光轮压路机 8 t	台班	285.00
3	黄土	m³	25.00	10	光轮压路机 12 t	台班	312.00
4	水	m³	1.40	11	光轮压路机 15 t	台班	336.00
5	AC2 中粒式沥青混凝土	m³	398.00	12	沥青混凝土摊铺机	台班	705.00
6	煤	kg	0.18	13	AC15 细粒式沥青混凝土	m³	442.00
7	木材	kg	0.35				

3. 综合单价计算

根据清单工程量，人工、材料、机械单价和《全国统一市政工程预算定额》计算的综合单价见表 10-12～表 10-14。

表 10-12　工程量清单综合单价分析表

工程名称：某路面工程　　　　　　　　　标段：　　　　　　　　　第1页　共3页

项目编码	040202002001	项目名称	石灰稳定土基层	计量单位	m²	工程量	

清单综合单价组成明细

定额编号	定额项目名称	定额单位	数量	单价				合价			
				人工费	材料费	机械费	管理费和利润	人工费	材料费	机械费	管理费和利润
2-46	石灰土基层（人工）	m²	10 150	6.054 4	11.018	0.436	1.246	61 452.2	11 172.5	4 427.8	12 645.70
2-178	人工养护	m²	10 150	0.062 9	0.020 6		0.012 6	638.44	208.89		127.89
人工单价		小计						62 090.6	111 936.40	4 427.8	12 773.60
35元/工日		未计价材料费									
清单项目综合单价								18.84			

材料费明细	主要材料名称、规格、型号	单位	数量	单价/元	合价/元	暂估单价/元	暂估合价/元
	生石灰	kg	276 030	0.15	41 404.5		
	黄土	m³	2 792.27	25	69 806.8		
	水（基层）	m³	363.37	1.4	508.72		
	水（养护）	m³	149.21	1.4	208.89		
	其他材料费						
	材料费小计						

注：1. 如不使用省级或行业建设主管部门发布的计价依据，可不填定额编号、名称等。

　　2. 招标文件提供了暂估单价的材料，按暂估的单价填入表内"暂估单价"栏及"暂估合价"栏。

表 10-13　工程量清单综合单价分析表

工程名称：某路面工程　　　　　　　　　标段：　　　　　　　　　第2页　共3页

项目编码	040203006001	项目名称	沥青混凝土面层	计量单位	m²	工程量	

清单综合单价组成明细

定额编号	定额项目名称	定额单位	数量	单价				合价			
				人工费	材料费	机械费	管理费和利润	人工费	材料费	机械费	管理费和利润
2-279	中粒式沥青混凝土面层6 mm厚	m²	9 800	0.851 2	24.46	1.590	1.915	8 341.8	239 708	15 582	18 767
人工单价		小计						8 341.8	239 708	15 582	18 767
35元/工日		未计价材料费									
清单项目综合单价								28.82			

项目编码	040203006001	项目名称	沥青混凝土面层	计量单位	m²	工程量	

| | | | | 清单综合单价组成明细 | | | | |

定额编号	定额项目名称	定额单位	数量	单价				合价			
				人工费	材料费	机械费	管理费和利润	人工费	材料费	机械费	管理费和利润

材料费明细	主要材料名称、规格、型号		单位		数量	单价/元	合价/元	暂估单价/元	暂估合价/元
	木柴		m³		313.6	0.35	109.76		
	AC20 中粒式沥青混凝土		m³		593.88	398	236 364.24		
	煤		kg		1 950	0.18	351		
	柴油		kg		588	4.9	2 881.2		
	其他材料费								
	材料费小计						239 706.2		

表 10-14 工程量清单综合单价分析表

工程名称：某路面工程　　　　　　　标段：　　　　　　　　第 3 页　共 3 页

项目编码	040203006001	项目名称	沥青混凝土面层	计量单位	m²	工程量	

| | | | | 清单综合单价组成明细 | | | | |

定额编号	定额名称	定额单位	数量	单价				合价			
				人工费	材料费	机械费	管理费和利润	人工费	材料费	机械费	管理费和利润
2-285	细粒式沥青混凝土面层 6 mm 厚	m²	9 800	0.694 4	13.563	1.266	1.105 2	6 805.1	132 917.4	12 406.8	10 830.96
人工单价		小计						6 805.1	132 917.4	12 406.8	10 830.96
35 元/工日		未计价材料费									
		清单项目综合单价						28.82			

材料费明细	主要材料名称、规格、型号		单位		数量	单价/元	合价/元	暂估单价/元	暂估合价/元
	木柴		kg		156.8	0.35	54.88		
	AC20 中粒式沥青混凝土		m³		296.94	442	131 247.48		
	煤		kg		980	0.18	176.40		
	柴油		kg		294	4.9	1 440.60		
	其他材料费								
	材料费小计						132 919.36		

10.2.3 分部分项工程量清单计价计算

根据表10-3(某路面工程分部分项工程量清单)、表10-12～表10-14综合单价,计算分部分项工程量清单计价表,见表10-15。

表 10-15　分部分项工程量清单计价表

工程名称:某路面工程　　　　　　　　　　　标段:　　　　　　　　第 1 页　共 1 页

序号	项目编码	项目名称	项目特征描述	计量单位	工程量	综合单价	合价	其中 暂估价
1	040202002001	石灰稳定土基层	1. 厚度:20 cm; 2. 含灰量:8%	m²	10 150	18.84	191 226.00	
2	040203006001	沥青混凝土面层	1. 沥青混凝土品种:AC20中粒式沥青混凝土; 2. 石料最大粒径:20 mm; 3. 厚度:60 mm	m²	9 800	28.82	282 436.00	
3	040203006002	沥青混凝土面层	1. 沥青混凝土品种:AC15细粒式沥青混凝土; 2. 石料最大粒径:5 mm; 3. 厚度:30 mm	m²	9 800	16.63	162 974.00	
			本页小计					
			合计					

10.2.4 措施项目费确定

按某地区现行规定,本工程文明施工费不得参与竞争,按人工费的30%计取。费用计算见表10-16。现场施工围栏费,根据经验估算确定为 1 865 元。

表 10-16　总价措施项目清单与计价表

工程名称:某路面工程　　　　　　　　　　　标段:　　　　　　　　第 1 页　共 1 页

序号	项目编码	项目名称	计算基础	费率/%	金额/元	调整费率/%	调整后金额/元	备注
		安全文明施工费	77 237.47	30	23 171.24			
		夜间施工增加费						
		二次搬运费						

序号	项目编码	项目名称	计算基础	费率/%	金额/元	调整费率/%	调整后金额/元	备注
		冬、雨期施工增加费						
		已完工程及设备保护费						
		施工排水						
		施工降水						
		现场施工围栏			1 865			
		合计			25 036. 24			

编制人(造价人员):   复核人(造价工程师):

10.2.5 其他项目费确定

本工程其他项目费只有业主发布工程量清单时提出的暂列金额 12 000 元,见表 10-17、表 10-18。

表 10-17 其他项目清单与计价汇总表

工程名称:某路面工程   标段: 第 1 页 共 1 页

序号	项目名称	金额/元	结算金额/元	备注
1	暂列金额		12 000	
2	暂估价			
2.1	材料(工程设备)暂估价/结算价			
2.2	专业工程暂估价/结算价			
3	计日工			
4	总承包服务费			
5	索赔与现场签证			
	合计		12 000	

表 10-18 暂列金额明细表

工程名称:某路面工程   标段: 第 1 页 共 1 页

序号	项目名称	计量单位	暂定金额/元	备注
1	暂列金额	项	12 000	
2				
	合计		12 000	

10.2.6 规费、税金计算及汇总单位工程报价

某地区现行规定,社会保险费按人工费的 16% 计算;住房公积金按人工费的 6% 计算。另外,增值税税率为 11%,计算内容见表 10-19、表 10-20。

表 10-19 规费、税金项目计价表

工程名称：某路面工程　　　　　　　　标段：　　　　　　　第　页　共　页

序号	项目名称	计算基础	计算费率/%	金额/元
1	规费	定额人工费		16 992.25
1.1	社会保险费	定额人工费	16	11 358.00
(1)	养老保险费	定额人工费		
(2)	失业保险费	定额人工费		
(3)	医疗保险费	定额人工费		
(4)	工伤保险费	定额人工费		
(5)	生育保险费	定额人工费		
1.2	住房公积金	定额人工费	6	4 634.25
1.3	工程排污费	按工程所在地环境保护部门收取标准，按实计入		
2	税金	分部分项工程费＋措施项目费＋其他项目费＋规费－按规定不计税的工程设备金额	11	75 973.09
	合计			

编制人(造价人员)：　　　　　　　　　　　　　　复核人(造价工程师)：

表 10-20 单位工程招标控制价/投标报价汇总表

工程名称：某路面工程　　　　　　　　标段：　　　　　　　第　页　共　页

序号	汇总内容	金额/元	其中：暂估价/元
1	分部分项工程	636 636	
2	措施项目	25 036.24	
2.1	其中：安全文明施工费	23 171.24	
2.2	现场施工围栏	1 865	
3	其他项目	12 000	
3.1	其中：暂列金额	12 000	
3.2	其中：专业工程暂估价		
3.3	其中：计日工		
3.4	其中：总承包服务费		
4	规费	16 992.25	
5	税金	75 937.09	
	招标控制价合计＝1＋2＋3＋4＋5	766 601.58	

10.2.7 填写投标总价表

根据表 10-20 中的单位工程造价汇总数据，填写投标总价，见表 10-21。

表 10-21　投标总价

投 标 总 价

招　标　人：＿＿＿＿＿＿＿＿＿＿＿＿＿＿＿＿＿＿＿＿＿＿＿＿
　　　　　　　　　　　××市重点建设办公

工程名称：＿＿＿＿＿＿＿＿＿＿＿＿＿＿＿＿＿＿＿＿＿＿＿＿
　　　　　　　　　　　　　××路面工程

投标总价（小写）：＿＿＿＿＿＿＿＿＿＿＿＿＿＿＿＿＿＿＿＿
　　　　　　　　　　　　766 601.58

　　　（大写）：＿＿＿＿＿＿＿＿＿＿＿＿＿＿＿＿＿＿＿＿
　　　　　　　　柒拾陆万陆仟陆佰零壹元伍角八分

投　标　人：＿＿＿＿＿＿＿＿＿＿＿＿＿＿＿＿＿＿＿＿＿＿＿
　　　　　　　　　　　　××市政建设公司
　　　　　　　　　　　　　（单位盖章）

法定代表人
或其授权人：＿＿＿＿＿＿＿＿＿＿＿＿＿＿＿＿＿＿＿＿＿＿＿
　　　　　　　　　　　　　×××
　　　　　　　　　　　　（签字或盖章）

编　制　人：＿＿＿＿＿＿＿＿＿＿＿＿＿＿＿＿＿＿＿＿＿＿＿
　　　　　　　　　　　　　×××
　　　　　　　　　　　（造价人员签字盖专用章）

时　　间：　　年 月 日

一、简答题

1.《计价规范》中，道路工程主要有哪些清单项目？

2. 路床(槽)整形清单项目与定额子目的工程量计算规则相同吗？

3. 人行道整形清单项目与定额子目的工程量计算规则相同吗？

4. 现浇侧(平)石清单项目与定额子目的工程量计算规则相同吗？

5.“水泥混凝土面层”清单项目通常包含哪些工作内容？

6. 水泥混凝土面层的钢筋是否包含在“水泥混凝土面层”清单项目中？编制工程量清单时，如何处理钢筋？

7. 新建的沥青混凝土面层工程通常包括哪些分部分项清单项目？

二、计算题

某道路横断面如图 10-6 所示，两侧人行道宽 4 m，中间车行道宽 18 m，道路长 500 m，车行道采用沥青混凝土路面，试确定道路行车道工程清单项目及项目编码，并计算各清单项目工程量。

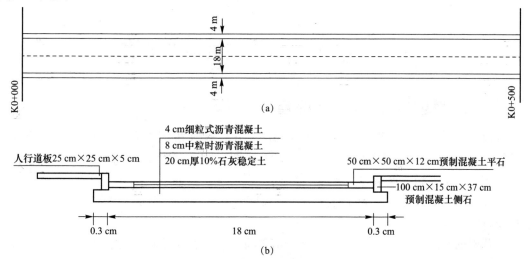

图 10-6 某道路横断面

(a)道路设计平面图；(b)道路设计横断面图

第 11 章　桥涵工程工程量清单计价

本章学习要点

1. 桥涵工程清单项目的工程量计算规则、计算方法。
2. 桥涵工程招标工程量清单编制步骤、方法、要求。
3. 桥涵工程清单计价(投标报价)的步骤、方法、要求。

引言

某桥台基础共设 20 根 C30 预制钢筋混凝土方桩,自然地坪标高为 0.5 m,桩顶标高为 −0.3 m,设计桩长 18 m(包括桩尖),每根桩分 2 节预制,陆上打桩,采用焊接接桩,计算打桩、接桩与送清单工程量与定额工程量。计算规则有何不同?

11.1　桥涵工程工程量清单编制

11.1.1　桥涵工程工程量清单项目

《市政工程工程量计算规范》(GB 50857—2013)附录桥涵工程中,设置了 9 个小节 105 个清单项目,9 个小节分别为桩基、基坑与边坡支护、现浇混凝土构件、预制混凝土构件、砌筑、立交箱涵、钢结构、装饰、其他。

本节主要介绍桩基、现浇混凝土构件、预制混凝土构件、砌筑、装饰、其他等小节中清单项目的设置。

桩基根据不同的桩基形式设置了 12 个清单项目,分别为预制钢筋混凝土方桩、预制钢筋混凝土管桩、钢管桩、泥浆护壁成孔灌注桩、沉管灌注桩、干作业成孔灌注桩、挖孔桩土(石)方、人工挖孔灌注桩、钻孔压浆桩、灌注桩后注浆、截桩头、声测管。

现浇混凝土构件根据桥涵工程现浇混凝土构件的不同结构部位设置了 25 个清单项目,即混凝土垫层、混凝土基础、混凝土承台、混凝土墩(台)帽、混凝土墩(台)身、混凝土支撑梁及横梁、混凝土墩(台)盖梁、混凝土拱桥拱座、混凝土拱桥拱肋、混凝土拱上构件、混凝土箱梁、混凝土连续板、混凝土板梁、混凝土板拱、混凝土挡墙墙身、混凝土挡墙压顶、混凝土楼梯、混凝土防撞护栏、桥面铺装、混凝土桥头搭板、混凝土搭板枕梁、混凝土桥塔身、混凝土连系梁、混凝土其他构件、钢管拱混凝土。

预制混凝土构件根据桥涵工程预制混凝土构件的不同结构类型设置了 5 个清单项目,即预制混凝土梁、预制混凝土柱、预制混凝土板、预制混凝土挡土墙墙身、预制混凝土其他构件。

砌筑按砌筑的方式、部位不同设置了 5 个清单项目，即垫层、干砌块料、浆砌块料、砖砌体、护坡。

装饰按不同的装饰材料设置了 5 个清单项目，即水泥砂浆抹面、剁斧石饰面、镶贴面层、涂料、油漆。

其他主要是桥梁栏杆、支座、伸缩缝、泄水管等附属结构相关的清单项目，共设置了 10 个清单项目，即金属栏杆、石质栏杆、混凝土栏杆、橡胶支座、钢支座、盆式支座、桥梁伸缩装置、隔声屏障、桥面排（泄）水管、防水层。

特别提示

除上述清单项目外，常规的桥梁工程的分部分项清单项目一般还包括《计价规范》附录 A 土石方工程、附录 J 钢筋工程中的相关清单项目，如果是改建的桥梁工程，还应包括附录 K 拆除工程中的有关清单项目。

附录 J 钢筋工程中与桥涵工程相关的清单项目主要有现浇构件钢筋、预制构件钢筋、钢筋笼、先张法预应力钢筋、后张法预应力钢筋、预埋铁件等。

附录 K 拆除工程中与桥涵工程相关的清单项目主要有拆除混凝土结构。

11.1.2 桥涵工程工程量清单计算规则

本节重点介绍桥涵工程中常见的清单项目的计算规则及计算方法。

1. 桩基

（1）预制钢筋混凝土方桩：以米计量，按设计图示尺寸以桩长（包括桩尖）计算；或以立方米计量，按设计图示桩长（包括桩尖）乘以桩的断面面积计算；或以根计量，按设计图示数量计算。

在计算工程量时，要根据具体工程的施工图，结合桩基清单项目的项目特征，划分不同的清单项目，分别计算其工程量。

如"预制钢筋混凝土方桩"项目特征有地层情况，送桩深度、桩长，桩截面，桩倾斜度，混凝土强度等级 5 个，需结合工程实际加以区别。

如果上述 5 个项目特征有 1 个不同，就应是 1 个不同的具体的清单项目，其钢筋混凝土方桩的工程量应分别计算。

打入桩清单项目包括以下工程内容：搭拆桩基础支架平台（陆上）、打桩、送桩、接桩；但不包括桩机进出场及安拆，桩机进出场及安拆单列施工技术措施项目计算。

（2）泥浆护壁成孔灌注桩：以米计量，按设计图示尺寸以桩长（包括桩尖）计算；或以立方米计量，按不同截面在桩长范围内以体积计算；或以根计量，按设计图示数量计算。

微课：机械成孔钻孔灌注桩计价工程量计算（一）

微课：机械成孔钻孔灌注桩计价工程量计算（二）

"泥浆护壁成孔灌注桩"清单项目可组合的工作内容包括：搭拆桩基支架平台（陆上）、埋设钢护筒、泥浆池建造和拆除、成孔、入岩增加费、灌注混凝土、泥浆外运。计算时，应结合工程实际情况、施工方案确定组合的工作内容，分别计算各项工作内容的定额工程量。

"泥浆护壁成孔灌注桩"清单项目不包括桩的钢筋笼、桩头的截除和声测管的制作及安装。

[**例 11-1**]　某单跨小型桥梁，采用轻型桥台、钢筋混凝土方桩基础，桥梁桩基础如图 11-1所示，试计算桩基工程量。

[**解**]　根据图 11-1可知，该桥梁两侧桥台下均采用 C30 钢筋混凝土方桩，均为直桩。但两侧桥台下方桩截面尺寸不同，即有 1 个项目特征不同，所以，该桥梁工程桩基有 2 个清单项目，应分别计算其工程量。

(1)C30 钢筋混凝土方桩(400 mm×400 mm)，项目编码：040301001001。

$$工程量=15×6=90(m)$$

(2)C30 钢筋混凝土方桩(500 mm×500 mm)，项目编码：040301001002。

$$工程量=15.5×6=93(m)$$

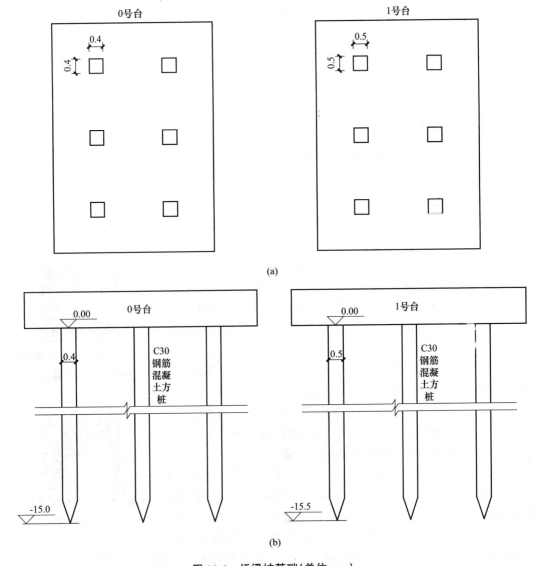

图 11-1　桥梁桩基础(单位：m)

(a)桩基础平面图；(b)桩基础模剖面图

[**例11-2**] 某桥梁钻孔灌注桩基础如图11-2所示，采用回旋钻机施工，桩径为1.2 m，桩顶设计标高为0.00 m，桩底设计标高为－29.50 m，桩底要求入岩，桩身采用C25水下混凝土。试计算桩基(1根)清单工程量和定额工程量(成孔、灌注混凝土的工程量)。

[**解**] (1)清单项目名称：泥浆护壁成孔灌注桩(φ1 200、桩长为29.5 m，回旋钻机，C25水下混凝土)。项目编码：040301004001

$$工程量＝0.00－(－29.50)＝29.50(m)$$

(2)定额工程量。

$$成孔工程量＝[1.00－(－29.50)]×(1.2/2)^2\pi≈34.49(m^3)$$

$$灌注混凝土工程量＝[0.00－(－29.50)＋0.8]×(1.2/2)^2\pi≈34.27(m^3)$$

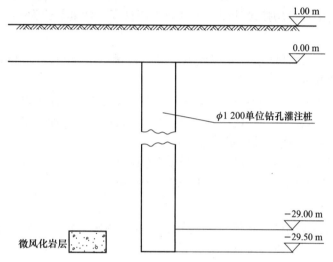

图 11-2 某桥梁钻孔灌注桩基础

(3)人工挖孔灌注桩：以立方米计量，按桩芯混凝土体积计算；或以根计量，按设计图示数量计算。

人工挖孔灌注桩可组合的主要内容为安装混凝土护壁、灌注混凝土。

(4)挖孔桩土(石)方：按设计图示尺寸(含护壁)截面面积乘以挖孔深度以立方米计算。

(5)截桩头：以立方米计量，按设计桩截面乘以桩头长度以体积计算；或以根计量，按设计图示数量计算。

2. 现浇混凝土

(1)混凝土防撞护栏：按设计图示尺寸以长度计算，计量单位为m。

(2)桥面铺装：按设计图示尺寸以面积计算，计量单位为m²。

(3)混凝土楼梯：以平方米计量，按设计图示尺寸以水平投影面积计算；或以立方米计量，按设计图示尺寸以体积计算。

(4)其他现浇混凝土结构：按设计图示尺寸以体积计算，计量单位为m³。

桥涵工程现浇混凝土清单项目应区别现浇混凝土的结构部位、混凝土强度等级等项目特征，划分并设置不同的清单项目，分别计算相应的工程量。

现浇混凝土清单项目的组合工作内容不包括混凝土结构的钢筋制作、安装。

3. 预制混凝土

预制混凝土清单项目工程量均按设计图示尺寸以体积计算，计量单位为m³。

预制混凝土清单项目包括的组合工作内容主要有混凝土浇筑，构件场内运输、构件安装、构件连接、接头灌浆等；不包括混凝土结构的钢筋制作、安装。

4. 砌筑

(1)垫层、干砌块料、浆砌块料、砖砌体工程量按设计图示尺寸以体积计算，计量单位为 m³。

(2)护坡工程量按设计图示尺寸以面积计算，计量单位为 m²。

砌筑清单项目应区别砌筑的结构部位、材料品种、规格、砂浆强度等项目特征，划分设置不同的具体清单项目，并分别计算工程量。

5. 装饰

装饰清单项目工程量均按设计图示尺寸以面积计算，计量单位为 m²。

6. 其他

(1)金属栏杆：按设计图示尺寸以质量计算，计量单位为 t；或按设计图示尺寸以延长米计算，计量单位为 m。

(2)石质栏杆、混凝土栏杆：按设计图示尺寸以长度计算，计量单位为 m。

(3)橡胶支座、钢支座、盆式支座：按设计图示数量计算，计量单位为个。

(4)桥梁伸缩装置：按设计图示尺寸以延长米计算，计量单位为 m。

(5)桥面排(泄)水管：按设计图示尺寸以长度计算，计量单位为 m。

(6)防水层：按设计图示尺寸以面积计算，计量单位为 m²。

7. 钢筋工程

现浇构件钢筋、预制构件钢筋、钢筋笼、先张法预应力钢筋、后张法预应力钢筋、预埋铁件：按设计图示尺寸以质量计算，计量单位为 t。

11.1.3 桥涵工程技术措施清单项目

根据桥涵工程的特点及常规的施工组织设计，桥涵工程通常可能有以下技术措施清单项目。

1. 大型机械设备进出场及安拆

工程量按使用机械设备的数量计算，计量单位为台·次。具体包括哪些大型机械的进出场及安拆，需要结合工程的实际情况、施工组织设计确定。

2. 混凝土模板(基础、柱、梁、板、墙等结构混凝土)

工程量按混凝土与模板接触面积计算，计量单位为 m²。混凝土模板应区别现浇或预制混凝土的不同结构部位、支模高度等项目特征，划分并设置不同的清单项目。

3. 脚手架

(1)墙面脚手架：工程量按墙面水平线长度乘以墙面砌筑高度计算，计量单位为 m²。

(2)柱面脚手架：工程量按柱结构外围周长乘以柱砌筑高度计算，计量单位为 m。

(3)仓面脚手架：工程量按仓面水平面积计算，计量单位为 m²。

4. 便道

工程量按设计图示尺寸以面积计算，计量单位为 m²。

5. 便桥

工程量按设计图示数量计算，计量单位为座。

6. 围堰

工程量以立方米计量，按设计图示围堰体积计算；或以米计量，按设计图示围堰中心线长度计算。

7. 排水、降水

工程量按排水、降水日历天计算，计量单位为昼夜。

11.2　桥涵工程工程量清单报价实例

本工程为 3 m×20 m 预应力混凝土空心板梁桥，桥宽为 20 m。根据地质资料显示没有地下水，原地面以下 21 m 内为砂砾，21 m 以下为软岩。桥梁桩基为直径 1.5 m、长 22 m 的 C20 混凝土挖孔灌注桩，共 20 根，桩顶距原地面 2.0 m，该桥剖面图、立面图如图 11-3 所示。

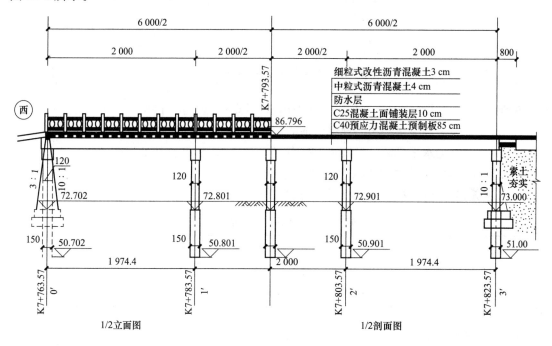

图 11-3　桥梁剖面图、立面图(单位：cm)

桥面采用 C-40 型型钢伸缩缝，结构如图 11-4 所示，伸缩缝长度与桥宽相同，在两桥台处各设一道。C-40 型型钢伸缩缝暂定单价：2 200 元/m。钢筋用量见表 11-1。试计算该桥梁工程桩基础及桥梁伸缩缝工程量，并计算其清单费用。

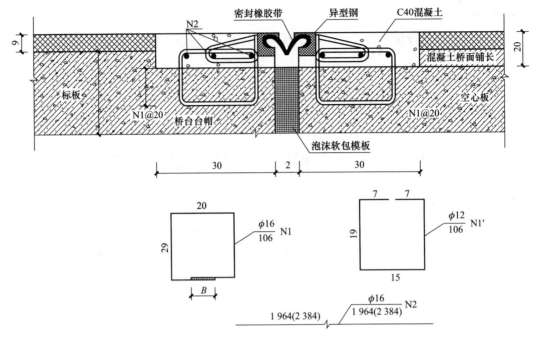

图 11-4　桥面伸缩示意(单位：cm)

说明：①本图尺寸除钢筋直径以"mm"计外，其余均以"cm"计；
　　　②N1 为预制空心板、现浇台顶的预理钢筋，沿桥宽方向按 20 cm 间距布置；
　　　③N2 为水平钢筋，沿桥宽方向布置，并与 N1 钢筋交接处焊接；
　　　④混凝土预留槽内以 C40 混凝土填充捣实；
　　　⑤伸缩缝设置于两侧桥台处，共 2 道。

表 11-1　桥面伸缩缝钢筋用量

钢筋编号	钢筋直径/mm	每根长度/cm	根数	共长/m	共重/kg	合计/kg	C40 混凝土/m³
N1	φ16	112	198	219.5	346.8	532.9	1.05
N2	φ16	1 964	6	117.8	186.1		

1. 施工组织设计

(1)先开挖 2 m 深基坑，在基坑内人工挖孔灌注桩，护壁采用 C20 混凝土护壁，厚为 8 cm。余方弃置运至指定土场，运距为 5 km，采用装载机(1 m³ 以内)装车，使用自卸汽车运输。

(2)在浇筑桥头搭板及桥面铺装时，预留出伸缩缝混凝土槽(宽 62 cm)，在铺筑桥面沥青混凝土前，用泡沫板填塞板端 2 cm 缝隙，在预留槽内浇筑贫混凝土至桥面混凝土铺装上平，摊铺沥青面层。面层摊铺完成后，用隔缝机沿设计槽边切割，将槽内沥青混凝土及贫混凝土破除并清理干净，安装伸缩缝，然后浇筑 C40 水泥混凝土。废渣破除后，人力车运至 50 m 以内存放。

2. 分部分项工程量清单的编制

(1)人工挖孔灌注桩(砂砾)：19 m/根×20 根＝380.00(m)。

（2）人工挖孔灌注桩（软岩）：3 m/根×20 根＝60.00（m）。

（3）桥梁伸缩装置：20×2＝40.00（m）。

将上述结果及相关内容填入"分部分项工程量清单"，见表11-2。

表 11-2　分部分项工程量清单

工程名称：某工程　　　　　　　　　　　　　　　　　　　　　　　　　　　　　　　第1页　共1页

序号	项目编码	项目名称	项目特征描述	计量单位	工程量
1	040301006001	挖孔灌注桩	1. 桩径：1.5 m； 2. 深度：22 m； 3. 岩土类别：砂砾； 4. 混凝土强度等级：C20	m	380.00
2	040301008002	挖孔灌注桩	1. 桩径：1.5 m； 2. 深度：22 m； 3. 岩土类别：软岩； 4. 混凝土强度等级：C20	m	60.00
3	040309006001	桥梁伸缩装置	1. 材料品种：C40 混凝土； 2. 规格：C-40 型型钢伸缩缝	m	40.00

3. 分部分项工程量清单计价表的编制

(1)根据现行的计量规则计算实际工程量。

1)人工挖孔灌注桩（三类土）：19m/棵×20 棵＝380（m）。

凿桩头计入上层土，下层不再计算。

①人工挖桩成孔：3.14×0.83²×19×20＝822.00（m²）。

②现浇混凝土护壁（厚 8 cm）：3.14×1.58×0.08×19×20＝150.82（m³）。

③灌注混凝土：3.14×0.75²×19.5×20＝688.84（m³）。

④凿桩头：3.14×0.753²×0.5×20＝17.80（m³）。

⑤弃方外运（运距 5 km）：822.00＋17.80＝839.80（m³）。

2)人工挖孔灌注桩（次坚石）：3m/根×20 根＝60（m）。

①人工挖桩成孔：3.14×0.83²×3×20＝129.79（m³）。

②现浇混凝土护壁（厚 8 cm）：3.14×1.58×0.08×3×20＝23.81（m³）。

③弃石外运（运距 5 km）：3.14×0.83²×3×20＝129.79（m³）。

④灌注混凝土：3.14×0.75²×3×20＝105.98（m³）。

3)桥梁伸缩装置：40 m。

①柔性路面切缝：20×4＝80.00（m）。

②拆除沥青混凝土路面（9 cm）：0.62×20×2＝24.80（m²）。

③拆除贫混凝土：0.62×20×2×0.11＝2.73（m³）。

④人力车运渣（50 m）：0.62×20×2×0.2＝4.96（m³）。

⑤安装毛勒伸缩缝：20×2＝40.00（m³）。

⑥钢筋制作、安装：0.532 9×2＝1.07（m）。

⑦伸缩缝处混凝土 C40：1.05×2＝2.10（m³）。

（2）根据桥涵护岸工程及施工组织设计选定额，确定人工、材料、机械消耗量。

（3）人工、材料、机械单价选用造价信息或市场价，为简化计算，本实例按《辽宁省市政工程预算定额(2017版)》计算。

（4）将上述计算结果及相关内容填入"工程量清单综合单价分析表"（见表11-3～表11-6），计算出各清单项目综合单价。

表 11-3　工程量清单综合单价分析表

工程名称：某工程

项目编码	040301008001	项目名称		挖孔灌注桩		计量单位		m		工程量	
清单综合单价组成明细											
定额编号	定额名称	定额单位	数量	单价				合价			
				人工费	材料费	机械费	管理费和利润	人工费	材料费	机械费	管理费和利润
3-246	人工挖孔桩(砂砾)	10 m³	82.2	612	0.94	606.87	195.02	50 306.40	77.27	49 884.71	16 030.64
3-250	现浇混凝土护壁	10 m³	15.08	780.30	3 515.90	269.51	167.97	11 766.92	53 019.77	4 064.21	2 532.99
1-194	装载机装运土方（1 m³）	1 000 m³	0.84	455.18		1 519.70	110.59	382.35		1 276.55	92.90
1-201	自卸汽车运土（运距1 km）	1 000 m³	0.84		46.2	4 429.88	248.07		38.81	3 721.10	208.38
1-202 ×4	自卸汽车运土（运距1 km）	1 000 m³	0.84			1 393.35	78.03			1 170.41	65.54
3-251	灌注混凝土(人工)	10 m³	68.88	326.66	3 195.81	123.06	71.96	22 500.34	220 127.39	8 476.37	4 956.60
3-258	凿桩头(灌注混凝土桩)	10 m³	1.78	1 286.69		253.72	246.46	2 290.31		451.62	438.70
人工单价			小计					87 246.32	273 263.24	69 026.97	24 325.75
35 元/工日			未计价材料费								
清单项目综合单价								1 194.37			

材料费明细	主要材料名称、规格、型号			单位	数量	单价/元	合价/元	暂估单价/元	暂估合价/元
	其他材料费								
	材料费小计								

表 11-4　工程量清单综合单价分析表

工程名称：某工程

项目编码	040301008002	项目名称		挖孔灌注桩		计量单位		m	工程量	
清单综合单价组成明细										
定额编号	定额名称	定额单位	数量	单价				合价			
				人工费	材料费	机械费	管理费和利润	人工费	材料费	机械费	管理费和利润
3-248	人工挖孔桩(砂砾)	10 m³	82.8	1 326.94	151.36	1 971.40	527.74	109 870.63	12 532.61	163 231.92	43 696.87
3-250	现浇混凝土护壁	10 m³	2.38	780.30	3 515.90	269.51	167.97	1 857.11	8 367.84	641.43	399.77
1-238	装载机装运石	1 000 m³	1.30	606.90		2 374.80	166.98	788.97		3 087.24	217.07
1-242	自卸汽车运石（运距1 km）	1 000 m³	1.30		39.5	5 646.16	316.18		51.35	7 340.01	411.03
1-243 ×4	自卸汽车运土（运距1 km）	1 000 m³	1.30			183 132.00	102.55			238 071.60	133.32
3-251	灌注混凝土(人工)	10 m³	10.60	326.66	3 195.81	123.06	71.96	3 462.60	33 875.59	1 304.44	762.78
人工单价		小计						115 979.31	54 827.39	413 676.64	45 620.84
35 元/工日		未计价材料费									
清单项目综合单价								10 501.74			

表 11-5　工程量清单综合单价分析表

工程名称：某工程

项目编码	040309007001	项目名称		桥梁伸缩装置		计量单位		m	工程量	
清单综合单价组成明细										
定额编号	定额名称	定额单位	数量	单价				合价			
				人工费	材料费	机械费	管理费和利润	人工费	材料费	机械费	管理费和利润
2-484	切割沥青混凝土路面	100 m²	0.80	224.67		544.50	184.60	179.74		435.60	147.68
10-1	拆除沥青路面	100 m²	0.25	303.32	7.16	107.40	23.00	75.83	1.79	26.85	5.75
10-65	拆除混凝土障碍物	10 m³	0.30	1 350.23	7.16	478.92	102.44	405.07	2.15	143.68	30.73
1-49	人力车运土方	100 m³	0.05	1 164.76			65.22	58.24			3.26

项目编码	040309007001	项目名称	桥梁伸缩装置	计量单位	m	工程量	

| | | | | 清单综合单价组成明细 | | | | | | |

定额编号	定额名称	定额单位	数量	单价				合价			
				人工费	材料费	机械费	管理费和利润	人工费	材料费	机械费	管理费和利润
3-655	安装伸缩缝	10 m	4.00	295.20	86.52	477.75	123.67	1 180.80	346.08	1 911.00	494.68
9-16	现浇构件圆钢筋	t	1.07	555.93	3 422.48	50.12	96.96	594.85	3 662.05	53.63	103.75
3-343	桥面铺装	10 m³	0.21	199.75	12 163.1		31.96	41.95	2 554.25		6.71
人工单价		小计						2 536	6 566.32	2 570.75	792.56
35 元/工日		未计价材料费									
清单项目综合单价								311.65			

表 11-6 分部分项工程量清单

工程名称：某工程　　　　　　　　　　标段：　　　　　　　　　第 1 页　共 1 页

序号	项目编码	项目名称	项目特征描述	计量单位	工程量	金额/元		其中
						综合单价	合价	暂估价
1	040301008001	挖孔灌注桩	1. 桩径：1.5 m； 2. 深度：22 m； 3. 岩土类别：砂砾； 4. 混凝土强度等级：C20	m	380.00	1 194.37	453 860.60	
2	040301008002	挖孔灌注桩	1. 桩径：1.5 m； 2. 深度：22 m； 3. 岩土类别：软岩； 4. 混凝土强度等级：C20	m	60.00	10 501.74	630 104.40	
3	040309007001	桥梁伸缩装置	1. 材料品种：C40 混凝土； 2. 规格：C-40 型型钢伸缩缝	m	40.00	311.65	12 466.00	
本页小计							1 096 431.00	
合计							1 096 431.00	

1. 常见的桥涵工程清单项目有哪些？

2. "钻孔灌注桩"清单项目一般有哪些可组合的工作内容？

3. "预制混凝土梁"清单项目一般有哪些可组合的工作内容？

第12章　市政管网工程工程量清单计价

本章学习要点

1. 排水工程清单项目的工程量计算规则、计算方法。
2. 排水工程招标工程量清单编制步骤、方法、要求。
3. 排水工程清单计价(投标报价)的步骤、方法、要求。

引言

某工程雨水管道采用钢筋混凝土管，基础采用钢筋混凝土条形基础，检查井采用砖砌，该工程有哪些项目需要计算清单工程量与定额工程量？应如何计算？

12.1　市政管网工程工程量清单编制

12.1.1　排水管网工程工程量清单项目

《市政工程工程量计算规范》(GB 50857—2013)附录 E 管网工程中，设置了 4 个小节51 个清单项目，4 个小节分别为管道铺设，管件、阀门及附件安装，支架制作及安装，管道附属构筑物。管网工程包括市政排水、给水、燃气、供热等管网工程，本章主要介绍市政排水管网工程相关内容。

1. 管道铺设

管道铺设根据管(渠)道材料、铺设方式的不同，设置了 20 个清单，即混凝土管、钢管、铸铁管、塑料管、砌筑方沟、混凝土方沟、砌筑渠道、混凝土渠道、水平导向钻进、夯管、顶管、顶(夯)管工作坑、预制混凝土工作坑、隧道(沟、管)内管道、直埋式预制保温管、管道架空跨越、临时放水管线、新旧管连接、土壤加固、警示(示踪)带铺设。其中，铸铁管、直埋式预制保温管、管道架空跨越、临时放水管线等清单项目主要存在于给水、燃气、供热等管网工程。

特别提示

管道铺设项目的做法若为标准设计，可在项目特征中标注标准图集编号及页码。

管道铺设项目特征中的检验及试验要求应根据专业的施工验收规范及设计要求，对已完成管道工程进行的严密性试验、闭水试验、吹扫、冲洗消毒、强度试验等内容进行描述。

2. 管件、阀门及附件安装

管件、阀门及附件安装主要是给水工程、燃气、供热管网工程的清单项目。

3. 支架制作及安装

支架制作及安装主要是给水工程、燃气、供热管网工程的清单项目。

4. 管道附属构筑物

管道附属构筑物共设置了9个清单项目，即砌筑井、混凝土井、塑料检查井、砖砌井筒、预制混凝土井筒、砌体出水口、混凝土出水口、雨水口、整体化粪池。

管道附属构筑物为标准定型构筑物时，在项目特征中应标注标准图集编号及页码。

5. 其他

除上述分部分项清单项目外，排水管网工程通常还包括《市政工程工程量计算规范》(GB 50857—2013)附录 A 土石方工程、附录 J 钢筋工程中的有关分部分项清单项目。如果是改建排水管网工程，还包括附录 K 拆除工程中的有关分部分项清单项目。

排水管网工程的土石方工程清单项目主要有挖沟槽土方、挖沟槽石方、回填方、余方弃置。

排水管网工程的钢筋工程清单项目主要有现浇构件钢筋、预制构件钢筋、预埋铁件。

改建排水管网工程的拆除工程清单项目主要有拆除管道、拆除破石结构、拆除混凝土结构、拆除井。

各清单项目的项目名称、项目编码、项目特征、计量单位、工作内容、工程量计算规则可组合的主要内容可参见本书附录一。

12.1.2 排水管网工程分部分项清单项目工程量计算规则

本章主要介绍市政排水管网工程常见的分部分项清单项目的工程量计算规则。

1. 管道铺设

常见的清单项目包括混凝土管、塑料管、水平导向钻进、顶管、顶(夯)管工作坑、砌筑渠道、混凝土渠道等。

(1)计算规则。混凝土管、塑料管：按设计图示中线长度以延长米计算，不扣除附属构筑物、管件及阀门所占长度，计量单位为 m。

(2)计算方法。

微课：管道工程清单
工程量计算

$$管道铺设工程量＝设计图示井中心至井中心的距离 \tag{12-1}$$
$$渠道铺设工程量＝设计图示渠道长度 \tag{12-2}$$

在计算管道铺设工程量时，要根据具体工程的施工图样，结合管道铺设清单项目的项目特征，划分不同的清单项目，分别计算其工程量。

如"混凝土管"清单项目的特征有7点，需要结合工程实际加以区别：

1)垫层、基础材质及厚度；

2)管座材质；

3)规格，即管内径；

4)接口形式：区分平(企)接口、承插接口、套环接口等形式；

5)铺设深度；

6)混凝土强度等级；

7)管道检验及试验要求：是否要求做管道严密性试验。

如果上述7个项目特征有1个不同，就应是1个不同的具体的清单项目，其管道铺设的工程量应分别计算。

2. 井类

常见的清单项目包括砌筑井、混凝土井、塑料检查井、雨水口、砌体出水口、混凝土出水口。

(1)计算规则。各种砌筑检查井、混凝土检查井、雨水进水井、其他砌筑井的工程量按设计图示数量计算，计量单位为座。

(2)计算方法。井类工程量的计算，应首先根据施工图纸数据，结合项目特征要求，按不同井深、井径设置不同的清单项目，再分别统计其工程量。

$$井类工程量＝井的设计数量 \tag{12-3}$$

[例 12-1] 图 12-1 所示为某段 $DN400$ mm 及 $DN500$ mm 钢筋混凝土排水管道，排水井分别为砖砌圆形排水检查井 $\phi700$ mm 和 $\phi1\,000$ mm，试计算钢筋混凝土管道敷设及砖砌检查井的工程量。

[解] $DN400$ mm 钢筋混凝土排水管道的工程量：$15＋20＋15＝50(m)$。

$DN500$ mm 钢筋混凝土排水管道的工程量：$30＋20＝50(m)$。

砖砌圆形排水检查井 $\phi700$ mm 的工程量：4 座。

砖砌圆形排水检查井 $\phi1\,000$ mm 的工程量：2 座。

图 12-1 排水管道示意(单位：mm)

12.2 排水管网计价工程量计算

12.2.1 管道铺设

管道铺设清单项目的工作内容，包括从垫层铺筑至混凝土基础浇筑、管道防腐、管道敷设、管道接口、检测及试验等全部施工工艺过程。计价时应考虑清单项目的工作内容，结合具体施工方案，根据计价定额工程量计算规则计算计价工程量，组价计算清单项目的综合单价。管道铺设的清单工程量计算规则与计价定额工程量规则的区别如下：

(1)管道铺设的清单工程量计算规则规定按设计图示管道中心线长度以延长米计算，不扣除附属构筑物管件及阀门所占长度。

(2)管道铺设的计价定额工程量计算规则规定有以下内容：

1)各种角度的混凝土基础、混凝土管、缸瓦管铺设，均按井中至井中的中心扣除检查井长度，以延长米计算工程量。每座检查井扣除长度按表 12-1 计算。

表 12-1 每座检查井扣除长度

检查井规格/mm	所占长度/m	检查井类型	所占长度/m
$\phi700$	0.4	各种矩形井	1.0
$\phi1\,000$	0.7	各种交汇井	1.20

检查井规格/mm	所占长度/m	检查井类型	所占长度/m
φ1 250	0.95	各种扇形井	1.0
φ1 500	1.20	圆形跌水井	1.60
φ2 000	1.70	矩形跌水井	1.70
φ2 500	2.20	阶梯式跌水井	按实扣

2)管道接口区分管径和做法，以实际接口个数计算工程量。

3)管道闭水试验，以实际闭水长度计算，不扣除各种井所占长度。

[**例 12-2**] 按照计价定额计算规则，计算图 12-1 所示的排水管道铺设工程量。

[**解**] 按计价定额计算规则：定额规定每座 φ700 mm 检查井应扣除长度 0.4 m；定额规定每座 φ1 000 m 检查井应扣除长度 0.7 m。

DN400 mm 钢筋混凝土管道：

$$管道铺设的工程量＝15＋20＋15－0.4×3＝48.8(m)$$
$$混凝土基础的工程量＝15＋20＋15－0.4×3＝48.8(m)$$
$$管道接口＝48.8÷2＝25(个)$$
$$管道闭水试验的工程量＝15＋20＋15＝50(m)$$

DN500 mm 钢筋混凝土管道：

$$管道铺设的工程量＝30＋20－0.7×2＝48.6(m)$$
$$混凝土基础的工程量＝30＋20－0.7×2＝48.6(m)$$
$$管道接口＝48.6÷2＝25(个)$$
$$管道闭水试验的工程量＝30＋20＝50(m)$$

12.2.2　管沟土石方

管沟土石方的清单工程量是按原地面线以下构筑物最大水平投影面积乘以挖土深度以体积计算的，但在实际施工时，需要根据地质情况、所采用的施工方案等确定方坡系数、施工工作面的土石方开挖，此部分的土石方为管道结构以外的土石方，计价时在综合单价中考虑，方法是结合具体施工方案，根据计价定额工程量计算规则计算计价工程量，组价计算综合单价，如图 12-2 所示。

1. 管沟土石方清单工程量计算

(1)管道工程沟槽土石方的挖方清单工程量，按原地面线以下构筑物最大水平投影面积乘以挖土深度(原地面平均标高至槽底平均标高)以体积计算，如图 12-3 所示。

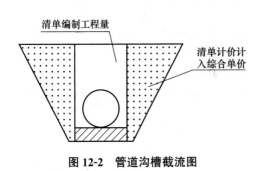

图 12-2　管道沟槽截流图

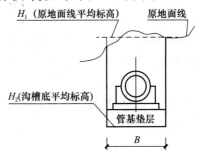

图 12-3　管槽挖土方

(2)市政管网工程中各种井的井位挖方工程量计算。因为管沟挖方的长度按管网铺设的管道中心线的长度计算，所以管网中的各种井的井位挖方清单工程量必须扣除与管沟重叠部分的土方量。图12-4所示的圆形井、矩形井只计算画斜线部分的挖土方量。

图中阴影部分所占的体积按下式计算：

$$V=KH(D-B)\times\sqrt{D^2-B^2} \qquad (12-4)$$

式中　V——井位增加的土方量（m^3）；

　　　H——基坑深度（m）；

　　　D——井位土方量的计算直径，常为井基础直径（m）；

　　　B——沟槽土方量的计算宽度，常为结构最大宽度（m）；

　　　K——井位弓形面积计算调整系数，根据 B/D 的值，按图12-5选取。

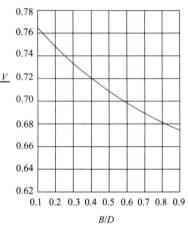

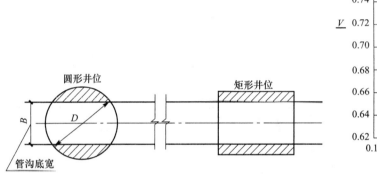

图 12-4　管沟与井位　　　　　　　　图 12-5　井位弓形面积计算系数

[例 12-3]　某 $DN800$ mm 的钢筋混凝土排水管道，180°混凝土基础，该管道基础结构宽度为 1 130 mm，排水检查井基础直径为 $\phi1 930$ mm，管沟挖土的平均深度为 2.2 m，求井位增加土方工程量。

[解]　根据题意，已知 $B=1.13$ m；$D=1.93$ m；$H=2.2$ m。

得 $B/D=1.13/1.93=0.59$，由图12-5曲线，查得 $K=0.697$。

根据公式：

$$V=KH(D-B)\times\sqrt{D^2-B^2}$$

该井位增加土方工程量为

$$V=0.697\times2.2\times(1.93-1.13)\times\sqrt{1.93^2-1.13^2}=1.92(m^3)$$

(3)市政管网工程中沟槽填方的清单工程量，按相应的挖方清单工程量减去管道、基础、垫层和构筑物等埋入体积计算。如设计填筑线在原地面以上时，还应加上原地面线至设计线间的体积。

管道的基础、构筑物埋入体积可根据设计图示尺寸计算，也可根据管径和接口形式，参考表12-2计算。

表 12-2　排水管道所占回填土方量(管体与基础之和)　　　　　　　　　m³/m

管径	抹带接口，混凝土基础			套环(承插)接口，混凝土基础		
mm	90°	135°	180°	90°	135°	180°
150	0.058	0.074	0.083	0.062	0.075	0.085
200	0.086	0.104	0.117	0.089	0.107	0.119
250	0.116	0.137	0.152	0.120	0.141	0.154
300	0.151	0.179	0.201	0.159	0.182	0.203
350	0.190	0.221	0.246	0.194	0.224	0.248
400	0.238	0.276	0.302	0.251	0.279	0.305
450	0.285	0.330	0.361	0.297	0.340	0.371
500	0.349	0.408	0.445	0.363	0.418	0.455
600	0.481	0.564	0.616	0.514	0.580	0.633
700	0.657	0.767	0.837	0.694	0.785	0.846
800	0.849	1.000	1.091	0.884	1.012	1.100
900	1.082	1.273	1.383	1.126	1.292	1.388
1 000	1.324	1.561	1.705	1.376	1.543	1.678
1 100	1.600	1.886	2.050	1.645	1.873	1.528
1 200	1.192	2.243	2.488	1.936	2.212	2.394
1 350	2.368	2.783	3.015	2.464	2.806	3.042
1 500	3.006	3.564	3.868	3.103	3.516	3.798
1 650	3.610	4.279	4.644	3.673	4.202	4.540
1 800	4.329	5.110	5.569	4.365	5.020	5.452
2 000	5.388	6.378	6.949	5.415	6.279	6.817

2. 管沟土石方计价工程量的计算

(1)沟槽挖方根据施工方法按沟槽开挖断面形式计算工程量，如图 12-6 所示。

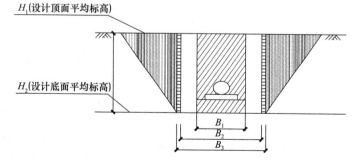

图 12-6　沟槽开挖断面图

清单挖方工程量 $V = B_1 \times (H_1 - H_2) \times L$

需放坡时挖方量 $V = [B_2 + K \times (H_1 - H_2)] \times (H_1 - H_2) \times L$

需支挡土板时挖方量 $V = B_3 \times (H_1 - H_2) \times L$

式中　B_1——管道结构宽度，无管座按管道外径计算，有管座按管道基础外缘计算(m)；

B_2——沟槽底宽度(m)，放坡时 $B_2=B_1+2C$；

B_3——支挡土板时沟槽底宽，每侧增加 10 cm 模板厚度，$B_3=B_1+2C+0.2$；

H_1——原地面平均标高(m)；

H_2——槽底平均标高(m)；

K——放坡系数，见表 4-5；

L——沟槽长度(m)。

[例 12-4]　如图 12-6 所示，管道为直径 500 mm 的混凝土管，混凝土基础宽度 $B_1=$ 0.7 m，设沟槽长度 $L=100$ m，$H_1=4.25$ m，$H_2=1.25$ m，机械坑上开挖二类土，计算沟槽挖方清单、计价工程量。

[解]　(1)清单工程量。

$$V=B_1\times(H_1-H_2)\times L=0.7\times(4.25-1.25)\times100=210(\text{m}^3)$$

(2)清单计价的施工工程量。当放坡开挖时，按照消耗量定额工程量计算规则槽底工作面宽度 C 取 0.5 m；机械坑上开挖二类土，放坡系数 K 取 0.75，则

$$B_2=B_1+2C=0.7+2\times0.5=1.7(\text{m})$$

$$\begin{aligned}V&=[B_2+K\times(H_1-H_2)]\times(H_1-H_2)\times L\\&=[1.7+0.75\times(4.25-1.25)]\times(4.25-1.25)\times100\\&=1\,185(\text{m}^3)\end{aligned}$$

(2)管道接口作业坑和沿线各种井位所增加开挖的土方工程量按沟槽全部土石方挖方量的 2.5% 计算。

(3)沟槽回填土工程量应扣除管径在 200 mm 以上的管道、基础、垫层和各种构筑物所占的体积。但清单工程量无论管径大小均应扣除。

(4)余方弃置的工程量按挖方量减去可利用回填土方量计算。

(5)缺方内运的工程量按回填土方量减去可利用回填土方量计算。

排水工程清单与计价工程量计算规则对照表，见表 12-3。

表 12-3　排水工程清单与计价工程量计算规则对照表

项目		清单	计价
土石方	挖方	沟槽土石方的挖方工程量，按构筑物最大水平投影面积乘以挖土深度(原地面平均标高至槽底平均标高)以体积计算，再加上井位增加的挖方量	1. 沟槽挖方根据施工方法按沟槽开挖断面形式计算工程量。 2. 管道接口作业坑和沿线各种井位所增加开挖的土方工程量按沟槽全部土石方挖方量的 2.5% 计算
	填方	沟槽填方的清单工程量，按相应的挖方清单工程量减去管道、基础、垫层和构筑物等埋入体积计算	沟槽回填土工程量应扣除管径在 200 mm 以上的管道、基础、垫层和各种构筑物所占的体积
	运输	1. 余方弃置的工程量按挖方量减去可利用回填土方量计算。 2. 缺方内运的工程量按回填土方量减去可利用回填土方量计算	

项目	清单	计价
管道铺设	管道铺设按设计图示中心线长度以延长米计算，不扣除中间井及管件、阀门所占的长度	1. 各种角度的混凝土基础、混凝土管、缸瓦管的铺设，均按井中至井中的中心扣除检查井长度，以延长米计算工程量。 2. 接口区分管径和做法，以实际接口个数计算工程量。 3. 管道闭水试验，以实际闭水长度计算，不扣除各种井所占长度
井类	各类检查井、进水井按设计图示数量以座计算	各类检查井、进水井按不同井深、井径以座为计量单位

12.3 排水管网工程工程量清单编制实例

1. 编制依据

(1)施工设计图纸。

1)排水管道设计平面图，见附图 3-1；

2)排水管道设计纵断面图，见附图 3-2；

3)排水管道通用标准图。

①钢筋混凝土管 180°混凝土基础标准图见附图 3-3；

②ϕ1 000 砖砌圆形雨水检查井标准图见附图 3-4；

③S235－19－3，680×380 平算式单算雨水进水井标准图见附图 3-5。

(2)招标文件有关内容。

招标文件规定：暂列金额 5 000 元，余方弃置运距 20 km。

(3)《计价规范》。

(4)合理的施工组织设计和施工方案。

2. 工程范围

从 0＋000～0＋200 范围内新建雨水管道工程。

3. 工程概况

(1)排水管道为新建雨水管道，开槽埋管法施工，土质为二类土，挖方为可利用回填土方，填方密实度为 95%，采用 180°混凝土基础，水泥砂浆抹带接口。

(2)排水主管道采用钢筋混凝土管 D500，管道长为 200 m，排水支管道采用钢筋混凝土管 D300，管道长为 91.6 m。

(3)检查井采用砖砌圆形雨水检查井，规格：S231－28－6，ϕ1 000 mm，共 5 座。

(4)雨水进水井，规格：S235－19－3，680×380，共 10 座。

4. 编制步骤

第一步：熟悉招标文件、施工设计图纸、《计价规范》附录中工程量清单项目划分及清单工程量计算规则。

第二步：列清单工程量计算表计算清单工程量。

以《计价规范》附录中的项目名称为主体，同时考虑附录中该项目的项目特征要求，结合拟建工程施工设计图纸标明的具体项目特征数据，设置清单项目，确定计量单位，编制清单工程量计算表计算各分部分项清单项目的工程量。

(1)排水管道工程量计算书(工程量清单)见表 12-4。

表 12-4　排水管道工程量计算书(工程量清单)

序号	名称	单位	计算式	数量	备注
1	钢筋混凝土管 $D500 \times 2\,000 \times 42$	m	50×4	200	雨水管
2	钢筋混凝土管 $D300 \times 2\,000 \times 30$	m	$12.5 + 15.1 + 16 + 16 + 16 + 16$	91.6	雨水管

(2)砖砌圆形雨水检查井工程量计算书(工程量清单)见表 12-5。

表 12-5　砖砌圆形雨水检查井工程量计算书(工程量清单)

井号	规格	数量/座	检查井设计标高 (H_1 设计地面标高)/m	检查井内底标高 (H_2 管内底标高)/m	井深 $H_1 - H_2$/m
1	$S231-28-6\phi1\,000$	1	45.230	43.548	1.682
2	$S231-28-6\phi1\,000$	1	45.580	43.623	1.957
3	$S231-28-6\phi1\,000$	1	45.930	43.698	2.232
4	$S231-28-6\phi1\,000$	1	46.665	43.773	2.892
5	$S231-28-6\phi1\,000$	1	47.400	43.848	3.552
本表综合小计	砖砌圆形雨水检查井 $\phi1\,000$ 平均井深：$(1.682 + 1.957 + 2.232 + 2.892 + 3.552) \div 5 = 2.463$(m)，共计 5 座				
说明：本例按现状地面回填，设计地面标高与现状地面标高相同。					

(3)砖砌雨水口工程量计算书(工程量清单)见表 12-6。

表 12-6　砖砌雨水口工程量计算书(工程量清单)

规格	数量/座	井深/m
$S235-19-3\ 680 \times 380$	10	1.00

(4)挖支线管沟土方工程量计算书(工程量清单)见表 12-7。

表 12-7　挖支线管沟土方工程量计算书(工程量清单)

管径/mm	管沟长 L/m	沟底宽 B/m	平均埋深 H_1/m	基础加深 H_2/m	平均挖深 $H_1 + H_2$/m	计算式 $L \times B \times H$	数量/m³
$D300$	91.6	0.52	1	$0.1 + 0.03$	1.13	$91.6 \times 0.52 \times 1.13$	53.82

（5）挖干管管沟土方工程量计算书（工程量清单）见表 12-8。

表 12-8 挖干管管沟土方工程量计算书（工程量清单）

井位	管径	管沟长 L /m	沟底宽 B /m	现状地面标高 H_1/m	管内底标高 H_2/m	基础加深 $t+C_1$/m	管沟挖深 $H_1-H_2+t+C_1$/m	平均挖深 H/m	计算式 $L \times B \times H$	数量 /m³
1				45.230	43.548	0.042+0.1	1.824			
	$D500$	50	0.744					1.96	50×0.744×1.96	72.91
2				45.580	43.623	0.042+0.1	2.099			
	$D500$	50	0.744					2.24	50×0.744×2.24	83.33
3				45.930	43.698	0.042+0.1	2.374			
	$D500$	50	0.744					2.70	50×0.744×2.70	100.44
4				46.665	43.773	0.042+0.1	3.034			
	$D500$	50	0.744					3.36	50×0.744×3.36	124.99
5				47.400	43.848	0.042+0.1	3.694			

说明：管沟挖深＝现状地面标高 H_1－管内底标高 H_2＋管壁厚 t＋管基厚 C_1。

（6）挖井位土方工程量计算书（工程量清单）见表 12-9。

表 12-9 挖井位土方工程量计算书（工程量清单）

井位	井底基础尺寸/m 长 L	宽 B	直径 D	现状地面标高 H_1/m	管内底标高 H_2/m	基础加深 $t+h$/m	挖土深度 $H=H_1-H_2+t+h$/m	数量 /座	计算式 $L \times B \times H$	数量 /m³
雨水井	1.26	0.96				0.03+0.1	1+0.13	10	1.26×0.96×1.13×10	13.67
1			1.58	45.230	43.548	0.042+0.1	1.824	1	$KH(D-B) \times \sqrt{D^2-B^2}=$ 0.716×1.824× (1.58−0.744)× $\sqrt{1.58^2-0.744^2}$	1.51
2			1.58	45.580	43.623	0.042+0.1	2.099	1	$KH(D-B) \times \sqrt{D^2-B^2}=$ 0.716×2.099× (1.58−0.744)× $\sqrt{1.58^2-0.744^2}$	1.75

| 井位 | 井底基础尺寸/m | | | 现状地面标高 H_1/m | 管内底标高 H_2/m | 基础加深 $t+h$/m | 挖土深度 $H=H_1-H_2+t+h$/m | 数量/座 | 计算式 $L\times B\times H$ | 数量/m³ |
	长 L	宽 B	直径 D							
3			1.58	45.930	43.698	0.042+0.1	2.374	1	$KH(D-B)\times\sqrt{D^2-B^2}=$ 0.716×2.374× (1.58-0.744)× $\sqrt{1.58^2-0.744^2}$	1.97
4			1.58	46.665	43.773	0.042+0.1	3.034	1	$KH(D-B)\times\sqrt{D^2-B^2}=$ 0.716×3.034× (1.58-0.744)× $\sqrt{1.58^2-0.744^2}$	2.52
5			1.58	47.400	43.848	0.042+0.1	3.694	1	$KH(D-B)\times\sqrt{D^2-B^2}=$ 0.716×3.694× (1.58-0.744)× $\sqrt{1.58^2-0.744^2}$	3.07

说明：1. 井位挖土深度＝现状地面标高 H_1—管内底标高 H_2＋管壁厚 t＋井基厚 h；

2. K—井位弓形面积计算调整系数，根据 $B/D=0.744/1.58=0.47$，按附图 3-5 选取 K 值为 0.716。

(7)管道及基础所占体积工程量计算书(工程量清单)见表 12-10。

表 12-10 管道及基础所占体积工程量计算书(工程量清单)

序号	部位名称	计算式	数量/m³
1	$D300$ 管道与基础所占的体积	0.201×91.6	18.41
2	$D500$ 管道与基础所占的体积	0.445×200	89
	小计		107.41

说明：管道的基础、构筑物埋入体积根据管径和接口形式，参考表 3-8 计算。

(8)土方工程量汇总工程量计算书(工程量清单)见表 12-11。

表 12-11　土方工程量汇总工程量计算书(工程量清单)

序号	名称	计算式	数量/m³
1	挖沟槽土方一、二类土 2 m 以内	72.91＋53.82＋13.67＋1.51	141.91
2	挖沟槽土方一、二类土 4 m 以内	83.33＋100.44＋124.99＋1.75＋1.97＋2.52＋3.07	318.07
3	管道沟回填方	总挖土方－管道与基础所占的体积 (141.91＋318.07)－107.41	352.57
4	余土弃置	管道与基础所占的体积	107.41

第三步：编制分部分项工程量清单。将清单项目的项目编号、项目名称、计量单位和工程量计算结果填入分部分项工程量清单统一格式对应栏目内，并在项目特征栏内描述具体特征值，完成分部分项工程量清单的编制，见表 12-12～表 12-15。

第四步：编制措施项目清单。根据合理的施工组织设计和施工方案、施工现场的实际情况，参照措施项目一览表，确定措施项目名称，完成措施项目清单的编制，见表 12-16。

第五步：编制其他项目清单。根据招标文件要求的工程暂列金额为 5 000 元，并依据招标文件的其他要求，完成其他项目清单的编制，见表 12-17～表 12-19。

第六步：填写主要材料价格表。查找并逐个填写工程主要材料的材料编码、材料名称、规格型号和单位，完成主要材料价格表的编制，见表 12-20。

第七步：填写工程量清单封面。填写投标人、法定代表人、中介机构法定代表人、造价工程师及注册证号、编制时间，并按要求签字盖章。

第八步：填写填表须知。币种填写"人民币"。

第九步：填写工程量清单总说明。工程量清单总说明包括工程概况、招标范围、工程量清单编制依据、工程质量标准、暂列金额及其他需要说明的问题。

表 12-12　招标工程量清单

市一环路排水　　工程

招 标 工 程 量 清 单

招 标 人：＿＿＿＿＿＿＿＿＿＿
（单位盖章）

造价咨询人：＿＿＿＿＿＿＿＿＿＿
（单位资质专用章）

法定代表人
或其授权人：＿＿＿＿＿＿＿＿＿＿
（签字或盖章）

法定代表人
或其授权人：＿＿＿＿＿＿＿＿＿＿
（签字或盖章）

编 制 人：＿＿＿＿＿＿＿＿＿＿
（造价人员签字盖专用章）

复 核 人：＿＿＿＿＿＿＿＿＿＿
（造价工程师签字盖专用章）

编制时间：　　年　月　日

复核时间：　　年　月　日

表 12-13　填表须知

1. 工程量清单及其计价格式中所有要求签字、盖章的地方，必须由规定的单位和人员进行签字、盖章。

2. 工程量清单及其计价格式中的任何内容不得随意删除或涂改。

3. 工程量清单计价格式中列明的所有需要填报的单价和合价，投标人均应填报，未填报的单价和合价，视为此项费用已包含在工程量清单的其他单价和合价中。

4. 金额（价格）均以　人民币　表示。

表 12-14　总说明

工程名称：市一环路排水工程　　　　　　　　　　　　　　　　　　　　第1页　共1页

1. 工程概况：

(1)排水管道为新建雨水管道，开槽埋管法施工，土质为二类土。采用180°混凝土基础，水泥砂浆抹带接口。

(2)排水主管道采用钢筋混凝土管 $D500$，管道长为200 m，排水支管道采用钢筋混凝土管 $D300$，管道长为91.6 m。

(3)砖砌圆形雨水检查井（规格：S231－28－6，ϕ1 000 mm)5 座，雨水进水井（规格：S235－19－3，680×380)10 座。

(4)现场电源由发电机房引来，施工用电已接通，施工用水需自行解决。现场达到三通一平。施工工期为一个月，工程质量合格。

2. 招标范围：0＋000～0＋200 范围内新建雨水管道工程。

3. 清单编制依据：《计价规范》、市政设计院设计的施工图纸。

4. 工程质量标准：合格。

5. 若施工中可能发生的设计变更或清单有误，预留金额 5 000 元。

6. 投标人在投标时按《计价规范》规定的统一格式填写，提供招标文件要求的分部分项工程量清单综合单价分析表。

7. 清单附"主要材料价格表"，投标人按其规定内容填写。

表 12-15　分部分项工程量清单

工程名称：市一环路排水工程　　　　　　标段：　　　　　　　第1页　共1页

序号	项目编码	项目名称	项目特征描述	计量单位	工程量	综合单价	合价	其中暂估价
一		土石方工程						
1	040101002001	挖沟槽土方	1. 土壤类别：一、二类土； 2. 挖土深度：2 m 以内	m³	141.91			
2	040101002002	挖沟槽土方	1. 土壤类别：一、二类土； 2. 挖土深度：4 m 以内	m³	318.07			
3	040103001001	回填方	1. 填方材料品种：土方； 2. 密实度：95%	m³	352.57			
4	040103002001	余方弃置	1. 弃料品种：土方； 2. 运距：20 km	m³	107.41			

序号	项目编码	项目名称	项目特征描述	计量单位	工程量	金额/元		
						综合单价	合价	其中暂估价
二		管道铺设						
5	040501002001	钢筋混凝土管道铺设	1. 管有筋无筋：有筋； 2. 规格：D300×2 000×30； 3. 埋设深度：1.0 m； 4. 接口形式：水泥砂浆接口； 5. 基础断面形式、混凝土强度等级、石料最大粒径：180°管基、C15 混凝土基础、碎石粒径≤20 mm	m	91.6			
6	040501002002	钢筋混凝土管道铺设	1. 有筋无筋：有筋； 2. 规格：D500×2 000×42； 3. 埋设深度：2.10~2.40 m； 4. 接口形式：水泥砂浆接口； 5. 基础断面形式、混凝土强度等级、石料最大粒径：180°管基、现浇混凝土 C15、碎石粒径≤20 mm	m	200			
7	040504001001	砌筑检查井	1. 材料：机砖； 2. 井深、尺寸：平均井深2.61 m，ϕ1 000； 3. 定型井名称、定型图号：S231-28-6； 4. 基础厚度、材料品种、强度：100 mm 厚、现浇混凝土 C15-20（碎石）基础	座	5			
8	040504009001	雨水进水口井	1. 混凝土强度、石料最大粒径：C15、20 mm； 2. 雨水井型号：S235-19-3 680×380 单平算； 3. 井深：1.0 m	座	10			
本页小计								
合计								

表 12-16 总价措施项目清单与计价表

工程名称：市一环路排水工程　　　　　　　标段：　　　　　　　第 1 页　共 1 页

序号	项目编码	项目名称	计算基础	费率/%	金额/元	调整费率/%	调整后金额/元	备注
		环境保护						
		文明施工						
		安全施工						
		临时设施						
		夜间施工						
		混凝土、钢筋混凝土模板及支架						
		脚手架						
		已完工程及设备保护						
		施工现场围栏						
	合　计							

编制人(造价人员)：　　　　　　　　　　　　　　　　　　　　复核人(造价工程师)：

表 12-17 其他项目清单与计价汇总表

工程名称：市一环路排水工程　　　　　　　标段：　　　　　　　第 1 页　共 1 页

序号	项目名称	金额/元	结算金额/元	备注
1	暂列金额		5 000	
2	暂估价			
2.1	材料(工程设备)暂估价/结算价			
2.2	专业工程暂估价/结算价			
3	计日工			
4	总承包服务费			
5	索赔与现场签证			
	合　计		5 000	
注：材料(工程设备)暂估单价进入清单项目综合单价，此处不汇总。				

表 12-18 暂列金额明细表

工程名称：市一环路排水工程　　　　　　　标段：　　　　　　　第 1 页　共 1 页

序号	项目名称	计量单位	暂定金额/元	备注
1	暂列金额	项	5 000	
2				
3				
4				
5				

序号	项目名称	计量单位	暂定金额/元	备注
6				
7				
8				
9				
10				
11				
合　计			5 000	

表 12-19　规费、税金项目计价表

工程名称：市一环路排水工程　　　　　　　标段：　　　　　　　　第 1 页　共 1 页

序号	项目名称	计算基础	计算基数	计算费率/%	金额/元
1	规费	定额人工费			
1.1	社会保险费	定额人工费			
(1)	养老保险费	定额人工费			
(2)	失业保险费	定额人工费			
(3)	医疗保险费	定额人工费			
(4)	工伤保险费	定额人工费			
(5)	生育保险费	定额人工费			
1.2	住房公积金	定额人工费			
1.3	工程排污费	按工程所在地环境保护部门收取标准，按实计入			
2	税金	分部分项工程费＋措施项目费＋其他项目费＋规费－按规定不计税的工程设备金额			
合计					

编制人(造价人员)：　　　　　　　　　　　　　　　　　复核人(造价工程师)：

表 12-20　主要材料价格表

工程名称：市一环路排水工程　　　　　　　标段：　　　　　　　　第 1 页　共 1 页

序号	材料编码	材料名称	规格、型号等特殊要求	单位	单价/元
1	WC0851－1	钢筋混凝土管	D300	m	
2	WC0870－1	钢筋混凝土管	D500	m	
3	SZ4250	铸铁井盖、井座		套	
4	SZ3240	机砖	240 mm×115 mm×53 mm	千块	
5	SZ4270	铸铁井箅		套	
6	SZ0120	32.5 MPa 水泥		t	
7	SZ3230	中粗砂		m³	

12.4 排水工程工程量清单报价编制实例

根据上述条件及工程量清单、《计价规范》《市政工程工程量计算规范》(GB 50857—2013)、《辽宁省市政工程预算定额》(2017 版)计算排水工程计价工程量。

12.4.1 排水工程计价工程量计算

(1)施工方案。

1)挖土方：

①采用人工、机械配合挖土方；

②人工挖土方占总土方量的 10%；

③机械采用反铲挖掘机(斗容量 1 m³)不装车，机械挖土方占总土方的 90%。

2)填土：采用机械填土夯实。

3)余方弃置：

①采用装载机(斗容量为 1 m³)装车；

②自卸汽车(载重 15 t 以内)运输土，余土外运按 10 km 计。

4)混凝土管道铺设：定型混凝土管道铺设包括人工下管、180°混凝土基础、水泥砂浆抹带接口三个工序。

(2)施工组织设计。

1)定型混凝土管道 180°混凝土基础采用木模支撑。

2)砖砌圆形雨水检查井，采用木制井字架。

3)为保证工程施工顺利进行采取必要的安全措施。

4)施工工期较短，故不考虑施工排水等其他措施。

(3)编制清单工程量计算书计算各分部分项清单项目的工程量。

1)排水管道工程量计算书(计价工程量)见表 12-21。

表 12-21　排水管道工程量计算书(计价工程量)

序号	名称	单位	计算式	数量
1	钢筋混凝土管 $D500 \times 2\,000 \times 42$	m	$50 \times 4 - 0.7 \times 4$	197.20
2	钢筋混凝土管 $D300 \times 2\,000 \times 30$	m	$12.5 + 15.1 + 16 + 16 + 16 + 16$	91.60

2)砖砌雨水口工程量计算书(计价工程量)见表 12-22。

表 12-22　砖砌雨水口工程量计算书(计价工程量)

规格	数量/座	井深/m
$S235 - 19 - 3\,680 \times 380$	10	1.00

3)砖砌圆形雨水检查井工程量计算书(计价工程量)见表 12-23。

表 12-23　砖砌圆形雨水检查井工程量计算书(计价工程量)

井号	规格	数量/座	检查井设计地面标高 H_1/m	井内底标高 H_2/m	井深 H_1-H_2/m
1	S231-28-6φ1 000	1	45.230	43.548	1.68
2	S231-28-6φ1 000	1	45.580	43.623	1.957
3	S231-28-6φ1 000	1	45.930	43.698	2.232
4	S231-28-6φ1 000	1	46.665	43.773	2.892
5	S231-28-6φ1 000	1	47.400	43.848	3.552
本表综合小计	砖砌圆形雨水检查井φ1000平均井深：(1.682+1.957+2.232+2.892+3.552)÷5=2.463(m)，共计5座				
说明：本例按现状地面回填，设计地面标高与现状地面标高相同。						

4)挖干管管沟土方(按机械坑上开挖考虑)工程量计算书(计价工程量)见表 12-24。

表 12-24　挖干管管沟土方(按机械坑上开挖考虑)工程量计算书(计价工程量)

井位	管径	管沟长 L/m	沟底宽 B/m	现状地面标高 H_1/m	管内底标高 H_2/m	基础加深 $t+C_1$/m	管沟挖深 $H_1-H_2+t+C_1$/m	平均挖深 H/m	计算式 $K=1:0.75$ $V=L\times H\times(B+H\times K)$	数量/m³
1				45.230	43.548	0.042+0.1	1.824			
	D500	50-0.7=49.30	1+0.744=1.744					1.96	49.30×1.96×(1.744+1.96×0.75)	310.56
2				45.580	43.623	0.042+0.1	2.099			
	D500	50-0.7=49.30	1+0.744=1.744					2.24	49.30×2.24×(1.744+2.24×0.75)	378.12
3				45.930	43.698	0.042+0.1	2.374			
	D500	50-0.7=49.30	1+0.744=1.744					2.70	49.30×2.70×(1.744+2.70×0.75)	501.69
4				46.665	43.773	0.042+0.1	3.034			
	D500	50-0.7=49.30	1+0.744=1.744					3.36	49.30×3.36×(1.744+3.36×0.75)	706.32
5				47.400	43.848	0.042+0.1	3.694			

说明：1. 管沟长 L=井中心至井中心扣除检查井长度，每座检查井扣除长度按表 12-1 计算。

2. 沟底宽 B=工作面宽+结构宽，工作面宽见表 4-3。

3. 管沟挖深=现状地面标高 H_1-管内底标高 H_2+管壁厚 t+管基厚 C_1。

4. 按机械坑上开挖考虑放坡系数 K 值，见表 12-4。

5)挖支线管沟土方工程量计算书(计价工程量)见表 12-25。

表 12-25　挖支线管沟土方工程量计算书(计价工程量)

管径/mm	管沟长 L/m	沟底宽 B/m	平均埋深 H_1/m	基础加深 H_2/m	平均挖深 H_1+H_2/m	计算式 $L\times B\times H$	数量/m³
D300	91.6	0.52+2×0.4	1	0.1+0.03	1.13	91.6×1.32×1.13	136.63

6)管道及基础所占体积工程量计算书(计价工程量)见表12-26。

表 12-26　管道及基础所占体积工程量计算书(计价工程量)

序号	部位名称	计算式	数量/m³
1	D300 管道与基础所占的体积	0.201×91.6	18.41
2	D500 管道与基础所占的体积	0.445×200	89.00
小计			107.41

7)土方工程量汇总工程量计算书(计价工程量)见表12-27。

表 12-27　土方工程量汇总工程量计算书(计价工程量)

序号	名称	计算式	数量/m³
1	挖沟槽土方一、二类土 2 m 以内	310.56+136.63	447.19
2	挖沟槽土方一、二类土 4 m 以内	378.12+501.69+706.32	1 586.13
3	井类及管道接口等增加土方 2 m 以内	447.19×0.025	11.18
4	井类及管道接口等增加土方 4 m 以内	1 586.13×0.025	39.65
5	挖沟槽土方一、二类土 2 m 以内合计	447.19+11.18	458.37
6	挖沟槽土方一、二类土 4 m 以内合计	1 586.13+39.65	1 625.78
7	人工挖沟槽土方一、二类土 2 m 以内合计	458.37×10%	45.84
8	机械挖沟槽土方一、二类土 2 m 以内合计	458.37×90%	412.53
9	人工挖沟槽土方一、二类土 4 m 以内合计	1 625.78×10%	162.58
10	机械挖沟槽土方一、二类土 4 m 以内合计	1 625.78×90%	1 463.20
11	管道沟回填方	总土方－管道与基础所占的体积 (458.37+1 625.78)－107.41	1 976.74
12	余土弃置	管道与基础所占的体积	107.41

8)其他工程量计算书(计价工程量)见表12-28。

表 12-28　其他工程量计算书(计价工程量)

序号	工程细目	计算式	单位	数量
1	D300 混凝土管平接	91.6	m	91.6
2	D300 混凝土管水泥砂浆接口	91.6÷2	个	46
3	D300 混凝土管平接式基础(180°)	91.6	m	91.6
4	D500 混凝土管平接	197.20	m	197.20
5	D500 混凝土管水泥砂浆接口	197.20÷2	个	99
6	D500 混凝土管平接式基础(180°)	197.20	m	197.20
7	砖砌圆形雨水检查井(H=2.46 m)	5	座	5
8	砖砌雨水口(单平算)	10	座	10
9	D300 混凝土管管道复合木模	91.6×(0.1+0.18)×2	m²	51.30
10	D500 混凝土管管道复合木模	197.20×(0.1+0.292)×2	m²	154.60
11	检查井井底基础模板	3.14×1.58×0.1×5	m²	2.48

序号	工程细目	计算式	单位	数量
12	雨水口井底基础模板	0.1×(1.26+0.96)×2×10	m²	4.44
13	混凝土基础模板合计	51.30+154.60+2.48+4.44	m²	212.82
14	井字架2 m内	2	座	2
15	井字架4 m内	3	座	3

12.4.2 综合单价计算

1. 选用定额摘录

本实例按《辽宁省市政工程预算定额》(2017版)计算。

2. 综合单价计算

根据清单工程量、工料机单价和《辽宁省市政工程预算定额》(2017版)计算的综合单价见表12-29～表12-36。

表 12-29　工程量清单综合单价分析表

工程名称：市一环路排水工程　　　　　　　标段：　　　　　　　　第1页　共8页

项目编码	040101002001	项目名称		挖沟槽土方		计量单位		m³		工程量	
清单综合单价组成明细											
定额编号	定额名称	定额单位	数量	单价				合价			
				人工费	材料费	机械费	管理费和利润	人工费	材料费	机械费	管理费和利润
1-10	人工挖沟土方二类土，深度2 m以内	100 m³	0.458	2 292.45			128.38	1 049.94			58.80
1-138	反铲挖掘机挖二类土	1 000 m³	0.412 5	1 071.0		2 198.29	183.08	441.79		906.79	75.52
人工单价			小计					1 491.73		906.79	134.32
35元/工日			未计价材料费								
清单项目综合单价								17.85			
材料费明细	主要材料名称、规格、型号			单位		数量		单价/元	合价/元	暂估单价/元	暂估合价/元
	其他材料费										
	材料费小计										

表 12-30　工程量清单综合单价分析表

工程名称：市一环路排水工程　　　　　　标段：　　　　　

| 项目编码 | 040101002002 | 项目名称 | 挖沟槽土方 | 计量单位 | m³ | 工程量 | |

清单综合单价组成明细

定额编号	定额名称	定额单位	数量	单价				合价			
				人工费	材料费	机械费	管理费和利润	人工费	材料费	机械费	管理费和利润
1-11	人工挖沟土方二类土，深度 4 m 以内	100 m³	1.625 8	2 622.3			146.84	4 263.34			238.73
1-138	反铲挖掘机挖二类土	1 000 m³	1.463 2	1 071.0		2 198.29	183.08	1 567.09		3 216.54	267.88
人工单价		小计						5 830.43		3 216.54	506.61
35 元/工日		未计价材料费						30.04			
清单项目综合单价											

表 12-31　工程量清单综合单价分析表

工程名称：市一环路排水工程　　　　　　标段：　　　　　

| 项目编码 | 040103001001 | 项目名称 | 回填方 | 计量单位 | m³ | 工程量 | |

清单综合单价组成明细

定额编号	定额名称	定额单位	数量	单价				合价			
				人工费	材料费	机械费	管理费和利润	人工费	材料费	机械费	管理费和利润
1-114	填土夯实槽、坑	100 m³	19.767	221.09		466.86	38.53	4 370.29		9 228.42	761.62
人工单价		小计						4 370.29		9 228.42	761.62
35 元/工日		未计价材料费									
清单项目综合单价								40.73			

材料费明细	主要材料名称、规格、型号	单位	数量	单价/元	合价/元	暂估单价/元	暂估合价/元
	其他材料费						
	材料费小计						

表 12-32　工程量清单综合单价分析表

项目编码	040103002001	项目名称		余方弃置		计量单位		m³	工程量	

				清单综合单价组成明细						
定额编号	定额名称	定额单位	数量	单价				合价		
				人工费	材料费	机械费	管理费和利润	人工费	材料费	机械费	管理费和利润
1-194	装载机装松散土（斗容量 1 m³）	1 000 m³	0.107	221.09		466.86	38.53	23.66		49.95	4.12
1-201	自卸汽车运土（载重 15 t 以内)运距 1 km	1 000 m³	0.107	46.20		4 429.88	248.07	4.94		474.00	26.54
1-202 ×9	自卸汽车运土，每增运 1 km	1 000 m³	0.107			1 393.35	78.03			149.09	8.35
人工单价		小计						28.60		673.04	39.01
35 元/工日		未计价材料费						6.89			
清单项目综合单价											

表 12-33　工程量清单综合单价分析表

项目编码	040501002001	项目名称		混凝土管道铺设		计量单位		m	工程量	

				清单综合单价组成明细						
定额编号	定额名称	定额单位	数量	单价				合价		
				人工费	材料费	机械费	管理费和利润	人工费	材料费	机械费	管理费和利润
5-3085	定型混凝土管平接(企口)式管道基础（180°）管径（300 mm 以内）	100 m	0.916	862.40	2 900.79	173.29	165.71	789.96	2 657.12	158.73	151.79
5-13	平接(企口)式混凝土管道铺设人机配合下管管径（600 mm 以内）	100 m	0.916	845.70		543.16	222.21	774.66		497.53	203.54

项目编码	040501002001	项目名称		混凝土管道铺设	计量单位	m	工程量	

定额编号	定额名称	定额单位	数量	单价				合价			
				人工费	材料费	机械费	管理费和利润	人工费	材料费	机械费	管理费和利润
5-960	排水管平(企)水泥砂浆接口(180°管基)管径(300 mm以内)	10个	4.6	64.22	7.51		10.28	295.41	34.55		47.29

清单综合单价组成明细

人工单价		小计		1 860.03	2 691.67	656.26	402.62
35元/工日		未计价材料费		61.25			
		清单项目综合单价					

	主要材料名称、规格、型号	单位	数量	单价/元	合价/元	暂估单价/元	暂估合价/元
材料费明细							
	其他材料费						
	材料费小计						

表 12-34　工程量清单综合单价分析表

工程名称：市一环路排水工程　　　　　　　　标段：　　　　　　　　第 6 页　共 8 页

项目编码	040501002002	项目名称		混凝土管道铺设	计量单位	m	工程量	

清单综合单价组成明细

定额编号	定额名称	定额单位	数量	单价				合价			
				人工费	材料费	机械费	管理费和利润	人工费	材料费	机械费	管理费和利润
5-3087	定型混凝土管平接(企口)式管道基础(180°)管径(500 mm以内)	100 m	1.972	1 436.27	4 824.7	289.57	276.14	2 832.32	9 514.31	571.03	544.55
5-13	平接(企口)式混凝土管道铺设人机配合下管管径(600 mm以内)	100 m	1.972	845.70		543.16	222.21	1 667.72		1 071.11	438.20

项目编码	040501002002	项目名称	混凝土管道铺设	计量单位	m	工程量	

清单综合单价组成明细

定额编号	定额名称	定额单位	数量	单价				合价			
				人工费	材料费	机械费	管理费和利润	人工费	材料费	机械费	管理费和利润
5-962	排水管平(企)水泥砂浆接口(180°管基)管径(500 mm以内)	10 个	9.9	75.76	12.12		12.12	750.02	119.99		119.99
人工单价		小计						5 250.06	9 634.30	1 642.14	1 102.74
35 元/工日		未计价材料费						89.40			
清单项目综合单价											

材料费明细	主要材料名称、规格、型号	单位	数量	单价/元	合价/元	暂估单价/元	暂估合价/元
	其他材料费						
	材料费小计						

表 12-35　工程量清单综合单价分析表

工程名称：市一环路排水工程　　　　　　　标段：　　　　　　　　

项目编码	040504001001	项目名称	砌筑检查井	计量单位	座	工程量	

清单综合单价组成明细

定额编号	定额名称	定额单位	数量	单价				合价			
				人工费	材料费	机械费	管理费和利润	人工费	材料费	机械费	管理费和利润
5-2474	砖砌圆形雨水检查井径(1 000 mm)，适用管径(200～600 mm)，井深(2.5 m内)	座	5	603.01	1 890.22	8.31	97.81	3 015.05	9 451.10	41.55	489.05
人工单价		小计						3 015.05	9 451.10	41.55	489.05
35 元/工日		未计价材料费						2 599.35			
清单项目综合单价											

表 12-36 工程量清单综合单价分析表

工程名称：市一环路排水工程　　　　　　　　标段：　　　　　　　　

项目编码	040504009001	项目名称	雨水进水口井	计量单位	座	工程量	

<table>
<tr><td colspan="12" align="center">清单综合单价组成明细</td></tr>
<tr>
<td rowspan="2">定额编号</td>
<td rowspan="2">定额名称</td>
<td rowspan="2">定额单位</td>
<td rowspan="2">数量</td>
<td colspan="4">单价</td>
<td colspan="4">合价</td>
</tr>
<tr>
<td>人工费</td>
<td>材料费</td>
<td>机械费</td>
<td>管理费和利润</td>
<td>人工费</td>
<td>材料费</td>
<td>机械费</td>
<td>管理费和利润</td>
</tr>
<tr>
<td>5-3026</td>
<td>砖砌雨水进水井单平算(680×380)井深1.0 m</td>
<td>座</td>
<td>10</td>
<td>166.94</td>
<td>203.82</td>
<td>1.51</td>
<td>26.95</td>
<td>1 669.40</td>
<td>2 038.20</td>
<td>15.10</td>
<td>269.50</td>
</tr>
<tr>
<td colspan="2" align="center">人工单价</td>
<td colspan="6" align="center">小计</td>
<td>1 669.40</td>
<td>2 038.20</td>
<td>15.10</td>
<td>269.50</td>
</tr>
<tr>
<td colspan="2" align="center">35 元/工日</td>
<td colspan="6" align="center">未计价材料费</td>
<td colspan="4" align="center">399.22</td>
</tr>
<tr>
<td colspan="8" align="center">清单项目综合单价</td>
<td colspan="4"></td>
</tr>
</table>

12.4.3　分部分项工程量清单计价表计算

根据表 12-15(市一环路排水工程工程量清单)、表 12-29～表 12-36 综合单价计算表，计算分部分项工程量清单计价表，见表 12-37。

表 12-37 分部分项工程量清单

工程名称：市一环路排水工程　　　　　　　　标段：　　　　　　　　

<table>
<tr>
<td rowspan="3">序号</td>
<td rowspan="3">项目编码</td>
<td rowspan="3">项目名称</td>
<td rowspan="3">项目特征描述</td>
<td rowspan="3">计量单位</td>
<td rowspan="3">工程量</td>
<td colspan="3">金额/元</td>
</tr>
<tr>
<td rowspan="2">综合单价</td>
<td rowspan="2">合价</td>
<td>其中</td>
</tr>
<tr>
<td>暂估价</td>
</tr>
<tr>
<td>一</td>
<td></td>
<td>土石方工程</td>
<td></td>
<td></td>
<td></td>
<td></td>
<td></td>
<td></td>
</tr>
<tr>
<td>1</td>
<td>040101002001</td>
<td>挖沟槽土方</td>
<td>1. 土壤类别：一、二类土；
2. 挖土深度：2 m 以内</td>
<td>m³</td>
<td>141.91</td>
<td>17.85</td>
<td>2 533.09</td>
<td></td>
</tr>
<tr>
<td>2</td>
<td>040101002002</td>
<td>挖沟槽土方</td>
<td>1. 土壤类别：一、二类土；
2. 挖土深度：4 m 以内</td>
<td>m³</td>
<td>318.07</td>
<td>30.04</td>
<td>9 554.82</td>
<td></td>
</tr>
<tr>
<td>3</td>
<td>040103001001</td>
<td>回填方</td>
<td>1. 填方材料品种：土方；
2. 密实度：95%</td>
<td>m³</td>
<td>352.57</td>
<td>40.73</td>
<td>14 360.18</td>
<td></td>
</tr>
<tr>
<td>4</td>
<td>040103002001</td>
<td>余方弃置</td>
<td>1. 弃料品种：土方；
2. 运距：20 km</td>
<td>m³</td>
<td>107.41</td>
<td>6.89</td>
<td>740.05</td>
<td></td>
</tr>
</table>

序号	项目编码	项目名称	项目特征描述	计量单位	工程量	金额/元		
						综合单价	合价	其中暂估价
二		管道铺设						
5	040501002001	钢筋混凝土管道铺设	1. 管有筋无筋：有筋； 2. 规格：D300×2 000×30； 3. 埋设深度：1.0 m； 4. 接口形式：水泥砂浆接口； 5. 基础断面形式、混凝土强度等级、石料最大粒径：180°管基，C15 混凝土基础、碎石粒径≤20 mm	m	91.6	61.25	5 610.50	
6	040501002002	钢筋混凝土管道铺设	1. 有筋无筋：有筋； 2. 规格：D500×2 000×42； 3. 埋设深度：2.10 ～2.40 m； 4. 接口形式：水泥砂浆接口； 5. 基础断面形式、混凝土强度等级、石料最大粒径：180°管基、现浇混凝土C15、碎石粒径≤20 mm	m	197.2	89.40	17 629.68	
7	040504001001	砌筑井检查	1. 材料：机砖； 2. 井深、尺寸：平均井深2.61m、φ1 000； 3. 定型井名称、定型图号：S231－28－6； 4. 基础厚度、材料品种、强度：100 mm 厚、现浇混凝土 C15－20（碎石）基础	座	5	2 599.35	12 996.75	
8	040504009001	雨水进水口井	1. 混凝土强度、石料最大粒径：C15、20 mm； 2. 雨水井型号：S235－19－3 680×380 单平箅； 3. 井深：1.0 m	座	10	399.22	3 992.20	
			本页小计				67 417.27	
			合计				67 417.27	

12.4.4 措施项目费确定

按某地区现行规定，本工程文明施工费不得参与竞争，按人工费的30%计取。费用计算见表12-38。现场施工围栏费，根据经验估算确定为1 865元。

表 12-38 总价措施项目清单与计价表

工程名称： 标段： 第1页 共1页

序号	项目编码	项目名称	计算基础	费率/%	金额/元	调整费率/%	调整后金额/元	备注
		安全文明施工费	23 515.62	30	7 054.686			
		夜间施工增加费						
		二次搬运费						
		冬、雨期施工增加费						
		已完工程及设备保护费						
		施工排水						
		施工降水						
		现场施工围栏			1 865			
		合计			8 919.686			

编制人(造价人员)： 复核人(造价工程师)

12.4.5 其他项目费确定

本工程其他项目费只有业主发布工程量清单时提出的暂列金额12 000元，见表12-39、表12-40。

表 12-39 其他项目清单与计价汇总表

工程名称： 标段： 第1页 共1页

序号	项目名称	金额/元	结算金额/元	备注
1	暂列金额		12 000	
2	暂估价			
2.1	材料(工程设备)暂估价/结算价			
2.2	专业工程暂估价/结算价			
3	计日工			
4	总承包服务费			
5	索赔与现场签证			
	合计		12 000	

表 12-40　暂列金额明细表

工程名称：　　　　　　　　　　标段：　　　　　　　　　　第 1 页　共 1 页

序号	项目名称	计量单位	暂定金额/元	备注
1	暂列金额	项	12 000	
	合计		12 000	

12.4.6　规费、税金计算及汇总单位工程报价

某地区现行规定，社会保险费按人工费的 16％计算；住房公积金按人工费的 6％计算。另外，增值税税率为 11％，计算内容见表 12-41。

表 12-41　规费、税金项目计价表

工程名称：　　　　　　　　　　标段：　　　　　　　　　　第 1 页　共 1 页

序号	项目名称	计算基础	计算费率/％	金额/元
1	规费	定额人工费		5 173.44
1.1	社会保险费	定额人工费	16	3 762.50
(1)	养老保险费	定额人工费		
(2)	失业保险费	定额人工费		
(3)	医疗保险费	定额人工费		
(4)	工伤保险费	定额人工费		
(5)	生育保险费	定额人工费		
1.2	住房公积金	定额人工费	6	1 410.94
1.3	工程排污费	按工程所在地环境保护部门收取标准，按实计入		
2	税金	分部分项工程费＋措施项目费＋其他项目费＋规费－按规定不计税的工程设备金额	11	9 733.98
	合计			

编制人(造价人员)：　　　　　　　　　　　　　复核人(造价工程师)：

12.4.7　填写投标总价表

根据表 12-42 中的单位工程造价汇总数据，填写投标总价，见表 12-43。

表 12-42　单位工程招标控制价/投标报价汇总表

工程名称：　　　　　　　　　　标段：　　　　　　　　　　第　页　共　页

序号	汇总内容	金额/元	其中：暂估价/元
1	分部分项工程	62 397.595	
2	措施项目	8 919.686	
2.2	现场施工围栏	1 865	
2.1	其中：安全文明施工费	7 054.686	
3	其他项目	12 000	

序号	汇总内容	金额/元	其中：暂估价/元
3.1	其中：暂列金额	12 000	
3.2	其中：专业工程暂估价		
3.3	其中：计日工		
3.4	其中：总承包服务费		
4	规费	5 173.44	
5	税金	9 733.98	
招标控制价合计＝1＋2＋3＋4＋5		98 224.701	

表 12-43 投标总价表

投 标 总 价

投 标 人：＿＿＿＿＿＿＿＿＿＿＿×× 市重点建设办公＿＿＿＿＿＿＿＿＿＿

工程名称：＿＿＿＿＿＿＿＿＿＿＿＿×× 排水工程＿＿＿＿＿＿＿＿＿＿＿

投标总价(小写)：＿＿＿＿＿＿＿＿＿＿＿98 224.7＿＿＿＿＿＿＿＿＿＿＿

（大写)：＿＿＿＿＿＿九万八仟贰佰贰拾四元柒角整＿＿＿＿＿＿

投 标 人：＿＿＿＿＿＿＿＿＿×× 市政建设公司＿＿＿＿＿＿＿＿＿

(单位盖章)

法定代表人

或其授权人：＿＿＿＿＿＿＿＿＿＿＿＿＿×× ＿＿＿＿＿＿＿＿＿＿＿＿＿

(签字或盖章)

编 制 人：＿＿＿＿＿＿＿＿＿＿＿＿＿××× ＿＿＿＿＿＿＿＿＿＿＿＿＿

(造价人员签字盖专用章)

时 间：＿＿＿＿年＿＿月＿＿日

1.《计价规范》中的市政管网工程主要设置了哪些清单项目？

2."钢筋混凝土管道铺设"清单项目与定额子目有何不同？

3."管道铺设"清单项目的清单工程量计算规则与计价定额工程量计算规则有何区别？

附录一 市政工程工程量清单项目及计算规则

1 土石方工程

1.1 土方工程

土方工程工程清单项目设置、项目特征描述的内容、计量单位及工程量计算规则，应按附表1-1的规定执行。

附表1-1 工方工程（编码：040101）

项目编码	项目名称	项目特征	计量单位	工程量计算规则	工作内容
040101001	挖一般土方	1. 土壤类别 2. 挖土深度	m³	按设计图示尺寸以体积计算	1. 排地表水 2. 土方开挖 3. 围护（挡土板）及拆除 4. 基底钎探 5. 场内运输
040101002	挖沟槽土方			按设计图示尺寸以基础垫层底面积乘以挖土深度计算	
040101003	挖基坑土方				
040101004	暗挖土方	1. 土壤类别 2. 平洞、斜洞（坡度） 3. 运距		按设计图示断面乘以长度以体积计算	1. 排地表水 2. 土方开挖 3. 场内运输
040101005	挖淤泥、流砂	1. 挖掘深度 2. 运距		按设计图示位置、界限以体积计算	1. 开挖 2. 运输

注：1. 沟槽、基坑、一般土方的划分为底宽≤7 m且底长>3倍底宽为沟槽，底长≤3倍底宽且底面积≤150 m² 为基坑。超出上述范围则为一般土方。

2. 土壤的分类应按附表1-2确定。

3. 如土壤类别不能准确划分，招标人可注明为综合，由投标人根据地勘报告决定报价。

4. 土方体积应按挖掘前的天然密实体积计算。

5. 挖沟槽、基坑土方中的挖土深度，一般指原地面标高至槽、坑底的平均高度。

6. 挖沟槽、基坑、一般土方因工作面和放坡增加的工程量，是否并入各土方工程量中，按各省、自治区、直辖市或行业建设主管部门的规定实施。如并入各土方工程量中，编制工程量清单时，可按附表1-3和附表1-4的规定计算；办理工程结算时，按经发包人认可的施工组织设计规定计算。

7. 挖沟槽、基坑、一般土方和暗挖土方清单项目的工作内容中仅包括了土方场内平衡所需的运输费用，如需土方外运，按040103002"余方弃置"项目编码列项。

8. 挖方出现流砂、淤泥时，如设计未明确，在编制工程量清单时，其工程数量可为暂估值。结算时，应根据实际情况由发包人与承包人双方现场签证确认工程量。

9. 挖淤泥、流砂的运距可以不描述，但应注明由投标人根据施工现场实际情况自行考虑决定报价。

附表 1-2　土壤分类表

土壤分类	土壤名称	开挖方法
一、二类土	粉土、砂土（粉砂、细砂、中砂、粗砂、砾砂）、粉质黏土、弱中盐渍土、软土（淤泥质土、泥炭、泥炭质土）、软塑红黏土、冲填土	用锹，少许用镐、条锄开挖。机械能全部直接铲挖满载者
三类土	黏土、碎石土（圆砾、角砾）、混合土、可塑红黏土、硬塑红黏土、强盐渍土、素填土、压实填土	主要用镐、条锄，少许用锹开挖。机械需部分刨松方能铲挖满载者或可直接铲挖但不能满载者
四类土	碎石土（卵石、碎石、漂石、块石）、坚硬红黏土、超盐渍土、杂填土	全部用镐、条锄挖掘，少许用撬棍挖掘。机械需普遍刨松方能铲挖满载者

注：本表土的名称及其含义按现行国家标准《岩土工程勘察规范(2009 年版)》(GB 50021—2001)定义。

附表 1-3　放坡系数表

土类别	放坡起点/m	人工挖土	机械挖土		
			在沟槽、坑内作业	在沟槽侧、坑边上作业	顺沟槽方向坑上作业
一、二类土	1.20	1∶0.50	1∶0.33	1∶0.75	1∶0.50
三类土	1.50	1∶0.33	1∶0.25	1∶0.67	1∶0.33
四类土	2.00	1∶0.25	1∶0.10	1∶0.33	1∶0.25

注：1. 沟槽、基坑中土类别不同时，分别按其放坡起点、放坡系数，依不同土类别厚度加权平均计算。

　　2. 计算放坡时，在交接处的重复工程量不予扣除，原槽、坑做基础垫层时，放坡自垫层上表面开始计算。

　　3. 本表按《全国统一市政工程预算定额》(GYD−301−1999)整理，并增加机械挖土顺沟槽方向坑上作业的放坡系数。

附表 1-4　管沟施工每侧所需工作面宽度计算表　　　　　　　　　　　　mm

管道结构宽	混凝土管道基础≤90°	混凝土管道基础>90°	金属管道	构筑物	
				无防潮层	有防潮层
500 mm 以内	400	400	300	400	600
1 000 mm 以内	500	500	400		
2 500 mm 以内	600	500	400		
2 500 mm 以上	700	600	500		

注：1. 管道结构宽：有管座按管道基础外缘，无管座按管道外径计算；构筑物按基础外缘计算。

　　2. 本表按《全国统一市政工程预算定额》(GYD−301−1999)整理，并增加管道结构宽 2 500 mm 以上的工作面宽度值。

1.2　石方工程

　　石方工程工程量清单项目设置、项目特征描述的内容、计量单位及工程量计算规则，应按附表 1-5 的规定执行。

附表 1-5 石方工程(编码：040102)

项目编码	项目名称	项目特征	计量单位	工程量计算规则	工作内容
040102001	挖一般石方	1. 岩石类别 2. 开凿深度	m³	按设计图示尺寸以体积计算	1. 排地表水 2. 石方开凿 3. 修整底、边 4. 场内运输
040102002	挖沟槽石方			按设计图示尺寸以基础垫层底面积乘以挖石深度计算	
040102003	挖基坑石方				

注：1. 沟槽、基坑、一般石方的划分为：底宽≤7 m且底长>3倍底宽为沟槽，底长≤3倍底宽且底面积≤150 m²
　　　为基坑。超出上述范围则为一般石方。

　　2. 岩石的分类应按附表 1-6 确定。

　　3. 石方体积应按挖掘前的天然密实体积计算。

　　4. 挖沟槽、基坑、一般石方因工作面和放坡增加的工程量，是否并入各石方工程量中，按各省、自治区、直
　　　辖市或行业建设主管部门的规定实施。如并入各石方工程量中，编制工程量清单时，其所需增加的工程数
　　　量可为暂估价，且在清单项目中予以注明；办理工程结算时，按经发包人认可的施工组织设计规定计算。

　　5. 挖沟槽、基坑、一般石方清单项目的工作内容中仅包括了石方场内平衡所需的运输费用，如需石方外运时，
　　　按 040103002"余方弃置"项目编码列项。

　　6. 石方爆破按现行国家标准《爆破工程工程量计算规范》(GB 50862—2013)相关项目编码列项。

附表 1-6 岩石分类表

岩石分类		代表性岩石	开挖方法
极软岩		1. 全风化的各种岩石 2. 各种半成岩	部分用手凿工具、部分用爆破法开挖
软质岩	软岩	1. 强风化的坚硬岩或较硬岩 2. 中等风化—强风化的较软岩 3. 未风化—微风化的页岩、泥岩、泥质砂岩等	用风镐和爆破法开挖
	较软岩	1. 中等风化—强风化的坚硬岩或较硬岩 2. 未风化—微风化的凝灰岩、千枚岩、泥灰岩、砂质泥岩等	用爆破法开挖
硬质岩	较硬岩	1. 微风化的坚硬岩 2. 未风化—微风化的大理岩、板岩、石灰岩、白云岩、钙质砂岩等	
	坚硬岩	未风化—微风化的花岗岩、闪长岩、辉绿岩、玄武岩、安山岩、片麻岩、石英岩、石英砂岩、硅质砾岩、硅质石灰岩等	

注：本表依据现行国家标准《工程岩体分级标准》(GB/T 50218—2014)和《岩土工程勘察规范(2009年版)》(GB
　　50021—2001)整理。

1.3 回填方及土石方运输

回填方及土石方运输工程量清单项目设置、项目特征描述的内容、计量单位及工程量计算规则，应按附表1-7的规定执行。

附表1-7　回填方及土石方运输(编码：040103)

项目编码	项目名称	项目特征	计量单位	工程量计算规则	工作内容
040103001	回填方	1. 密实度要求 2. 填方材料品种 3. 填方粒径要求 4. 填方来源、运距	m³	1. 按挖方清单项目工程量加原地面线至设计要求标高间的体积，减基础、构筑物等埋入体积计算 2. 按设计图示尺寸以体积计算	1. 运输 2. 回填 3. 压实
040103002	余方弃置	1. 废弃料品种 2. 运距		按挖方清单项目工程量减利用回填方体积(正数)计算	余方点装料运输至弃置点

注：1. 填方材料品种为土时，可以不描述。
　　2. 填方粒径，在无特殊要求情况下，项目特征可以不描述。
　　3. 于沟、槽坑等开挖后再进行回填方的清单项目，其工程量计算规则按第1条确定；场地填方等按第2条确定。其中，对工程量计算规则1，当原地面线高于设计要求标高时，则其体积为负值。
　　4. 回填方总工程量中若包括场内平衡和缺方内运两部分，应分别编码列项。
　　5. 余方弃置和回填方的运距可以不描述，但应注明由投标人根据施工现场实际情况自行考虑决定报价。
　　6. 回填方如需缺方内运，且填方材料品种为土方时，是否在综合单价中计入购买土方的费用，由投标人根据工程实际情况自行考虑决定报价。

1.4 相关问题及说明

(1)隧道石方开挖按"4. 隧道工程"中相关项目编码列项。

(2)废料及余方弃置清单项目中，如需发生弃置、堆放费用的，投标人应根据当地有关规定计取相应费用，并计入综合单价中。

2 道路工程

2.1 路基处理

路基处理工程量清单项目设置、项目特征描述的内容、计量单位及工程量计算规则，应按附表 1-8 的规定执行。

附表 1-8 路基处理(编码: 040201)

项目编码	项目名称	项目特征	计量单位	工程量计算规则	工作内容
040201001	预压地基	1. 排水竖井种类、断面尺寸、排列方式、间距、深度 2. 预压方法 3. 预压荷载、时间 4. 砂垫层厚度	m²	按设计图示尺寸以加固面积计算	1. 设置排水竖井、盲沟、滤水管 2. 铺设砂垫层、密封膜 3. 堆载、卸载或抽气设备安拆、抽真空 4. 材料运输
040201002	强夯地基	1. 夯击能量 2. 夯击遍数 3. 地耐力要求 4. 夯填材料种类			1. 铺设夯填材料 2. 强夯 3. 夯填材料运输
040201003	振冲密实(不填料)	1. 地层情况 2. 振密深度 3. 孔距 4. 振冲器功率			1. 振冲加密 2. 泥浆运输
040201004	掺石灰	含灰量	m³	按设计图示尺寸以体积计算	1. 掺石灰 2. 夯实
040201005	掺干土	1. 密实度 2. 掺土率			1. 掺干土 2. 夯实
040201006	掺石	1. 材料品种、规格 2. 掺石率			1. 掺石 2. 夯实
040201007	抛石挤淤	材料品种、规格			1. 抛石挤淤 2. 填塞垫平、压实

项目编码	项目名称	项目特征	计量单位	工程量计算规则	工作内容
040201008	袋装砂井	1. 直径 2. 填充料品种 3. 深度	m	按设计图示尺寸以长度计算	1. 制作砂袋 2. 定位沉管 3. 下砂袋 4. 拔管
040201009	塑料排水板	材料品种、规格			1. 安装排水板 2. 沉管插板 3. 拔管
040201010	振冲桩（填料）	1. 地层情况 2. 空桩长度、桩长 3. 桩径 4. 填充材料种类	1. m 2. m³		1. 振冲成孔、填料、振实 2. 材料运输 3. 泥浆运输
040201011	砂石桩	1. 地层情况 2. 空桩长度、桩长 3. 桩径 4. 成孔方法 5. 材料种类、级配		1. 以米计量，按设计图示尺寸以桩长（包括桩尖）计算 2. 以立方米计量，按设计桩截面乘以桩长（包括桩尖）以体积计算	1. 成孔 2. 填充、振实 3. 材料运输
040201012	水泥粉煤灰碎石桩	1. 地层情况 2. 空桩长度、桩长 3. 桩径 4. 成孔方法 5. 混合料强度等级	m	按设计图示尺寸以桩长（包括桩尖）计算	1. 成孔 2. 混合料制作、灌注、养护 3. 材料运输
040201013	深层水泥搅拌桩	1. 地层情况 2. 空桩长度、桩长 3. 桩截面尺寸 4. 水泥强度等级、掺量		按设计图示尺寸以桩长计算	1. 预搅下钻、水泥浆制作、喷浆搅拌提升成桩 2. 材料运输
040201014	粉喷桩	1. 地层情况 2. 空桩长度、桩长 3. 桩径 4. 粉体种类、掺量 5. 水泥强度等级、石灰粉要求	m		1. 预搅下钻、喷粉搅拌提升成桩 2. 材料运输

续表

项目编码	项目名称	项目特征	计量单位	工程量计算规则	工作内容
040201015	高压水泥旋喷桩	1. 地层情况 2. 空桩长度、桩长 3. 桩截面 4. 旋喷类型、方法 5. 水泥强度等级、掺量	m	按设计图示尺寸以桩长计算	1. 成孔 2. 水泥浆搅拌、高压旋喷注浆 3. 材料运输
040201016	石灰桩	1. 地层情况 2. 空桩长度、桩长 3. 桩径 4. 成孔方法 5. 掺合料种类、配合比		按设计图示尺寸以桩长(包括桩尖)计算	1. 成孔 2. 混合料制作、运输、夯填
040201017	灰土(土)挤密桩	1. 地层情况 2. 空桩长度、桩长 3. 桩径 4. 成孔方法 5. 灰土级配		按设计图示尺寸以桩长(包括桩尖)计算	1. 成孔 2. 灰土拌和、运输、填充、夯实
040201018	柱锤冲扩桩	1. 地层情况 2. 空桩长度、桩长 3. 桩径 4. 成孔方法 5. 桩体材料种类、配合比		按设计图示尺寸以桩长计算	1. 安拔套管 2. 冲孔、填料、夯实 3. 桩体材料制作、运输
040201019	地基注浆	1. 地层情况 2. 成孔深度、间距 3. 浆液种类及配合比 4. 注浆方法 5. 水泥强度等级、用量	1. m 2. m³	1. 以米计量，按设计图示尺寸以深度计算 2. 以立方米量，按设计图示尺寸以加固体积计算	1. 成孔 2. 注浆导管制作、安装 3. 浆液制作、压浆 4. 材料运输
040201020	褥垫层	1. 厚度 2. 材料品种、规格及比例	1. m² 2. m³	1. 以平方米计量，按设计图示尺寸以铺设面积计算 2. 以立方米计量，按设计图示尺寸以铺设体积计算	1. 材料拌和、运输 2. 铺设 3. 压实
040201021	土工合成材料	1. 材料品种、规格 2. 搭接方式	m²	按设计图示尺寸以面积计算	1. 基层整平 2. 铺设 3. 固定

· 201 ·

项目编码	项目名称	项目特征	计量单位	工程量计算规则	工作内容
040201022	排水沟、截水沟	1. 断面尺寸 2. 基础、垫层：材料品种、厚度 3. 砌体材料 4. 砂浆强度等级 5. 伸缩缝填塞 6. 盖板材质、规格	m	按设计图示以长度计算	1. 模板制作、安装、拆除 2. 基础、垫层铺筑 3. 混凝土拌和、运输、浇筑 4. 侧墙浇捣或砌筑 5. 勾缝、抹面 6. 盖板安装
040201023	盲沟	1. 材料品种、规格 2. 断面尺寸			铺筑

注：1. 地层情况按附表 1-2 和附表 1-5 的规定，并根据岩土工程勘察报告按单位工程各地层所占比例（包括范围值）进行描述。对无法准确描述的地层情况，可注明由投标人根据岩土工程勘察报告自行决定报价。

2. 项目特征中的桩长应包括桩尖，空桩长度＝孔深－桩长，孔深为自然地面至设计桩底的深度。

3. 如采用碎石、粉煤灰、砂等作为路基处理的填方材料时，应按 1. 土石方工程中"回填方"项目编码列项。

4. 排水沟、截水沟清单项目中，当侧墙为混凝土时，还应描述侧墙的混凝土强度等级。

2.2 道路基层

道路基层工程量清单项目设置、项目特征描述的内容、计量单位及工程量计算规则，应按附表 1-9 的规定执行。

附表 1-9 道路基层（编码：040202）

项目编码	项目名称	项目特征	计量单位	工程量计算规则	工作内容
040202001	路床（槽）整形	1. 部位 2. 范围	m²	按设计道路底基层图示尺寸以面积计算，不扣除各类井所占面积	1. 放样 2. 整修路拱 3. 碾压成型
040202002	石灰稳定土	1. 含灰量 2. 厚度		按设计图示尺寸以面积计算，不扣除各类井所占面积	1. 拌和 2. 运输 3. 铺筑 4. 找平 5. 碾压 6. 养护
040202003	水泥稳定土	1. 水泥含量 2. 厚度			
040202004	石灰、粉煤灰、土	1. 配合比 2. 厚度			

项目编码	项目名称	项目特征	计量单位	工程量计算规则	工作内容
040202005	石灰、碎石、土	1. 配合比 2. 碎石规格 3. 厚度	m²	按设计图示尺寸以面积计算，不扣除各类井所占面积	1. 拌和 2. 运输 3. 铺筑 4. 找平 5. 碾压 6. 养护
040202006	石灰、粉煤灰、碎(砾)石	1. 配合比 2. 碎(砾)石规格 3. 厚度			
040202007	粉煤灰	厚度			
040202008	矿渣				
040202009	砂砾石	1. 石料规格 2. 厚度			
040202010	卵石				
040202011	碎石	1. 石料规格 2. 厚度			
040202012	块石				
040202013	山皮石				
040202014	粉煤灰三渣	1. 配合比 2. 厚度			
040202015	水泥稳定碎(砾)石	1. 水泥含量 2. 石料规格 3. 厚度			
040202016	沥青稳定碎石	1. 沥青品种 2. 石料规格 3. 厚度			

注：1. 道路工程厚度应以压实后为准。
2. 道路基层设计截面如为梯形，应按其截面平均宽度计算面积，并在项目特征中对截面参数加以描述。

2.3 道路面层

道路面层工程量清单项目设置、项目特征描述的内容、计量单位及工程量计算规则，应按附表 1-10 的规定执行。

附表 1-10 道路面层(编码：040203)

项目编码	项目名称	项目特征	计量单位	工程量计算规则	工作内容
040203001	沥青表面处治	1. 沥青品种 2. 层数	m²	按设计图示尺寸以面积计算，不扣除各种井所占面积，带平石的面层应扣除平石所占面积	1. 喷油、布料 2. 碾压
040203002	沥青贯入式	1. 沥青品种 2. 石料规格 3. 厚度			1. 摊铺碎石 2. 喷油、布料 3. 碾压

项目编码	项目名称	项目特征	计量单位	工程量计算规则	工作内容
040203003	透层、粘层	1. 材料品种 2. 喷油量	m²	按设计图示尺寸以面积计算，不扣除各种井所占面积，带平石的面层应扣除平石所占面积	1. 清理下承面 2. 喷油、布料
040203004	封层	1. 材料品种 2. 喷油量 3. 厚度			1. 清理下承面 2. 喷油、布料 3. 压实
040203005	黑色碎石	1. 材料品种 2. 石料规格 3. 厚度			1. 清理下承面 2. 拌和、运输 3. 摊铺、整形 4. 压实
040203006	沥青混凝土	1. 沥青品种 2. 沥青混凝土种类 3. 石料粒径 4. 掺合料 5. 厚度			
040203007	水泥混凝土	1. 混凝土强度等级 2. 掺和料 3. 厚度 4. 嵌缝材料			1. 模板制作、安装、拆除 2. 混凝土拌和、运输、浇筑 3. 拉毛 4. 压痕或刻防滑槽 5. 伸缝 6. 缩缝 7. 锯缝、嵌缝 8. 路面养护
040203008	块料面层	1. 块料品种、规格 2. 垫层：材料品种、厚度、强度等级			1. 铺筑垫层 2. 铺砌块料 3. 嵌缝、勾缝
040203009	弹性面层	1. 材料品种 2. 厚度			1. 配料 2. 铺贴

注：水泥混凝土路面中传力杆和拉杆的制作、安装应按"5 钢筋工程"中相关项目编码列项。

2.4　人行道及其他

人行道及其他工程量清单项目设置、项目特征描述的内容、计量单位及工程量计算规则，应按附表 1-11 的规定执行。

附表 1-11 人行道及其他(编码：040204)

项目编码	项目名称	项目特征	计量单位	工程量计算规则	工作内容
040204001	人行道整形碾压	1. 部位 2. 范围	m²	按设计人行道图示尺寸以面积计算，不扣除侧石、树池和各类井所占面积	1. 放样 2. 碾压
040204002	人行道块料铺设	1. 块料品种、规格 2. 基础、垫层：材料品种、厚度 3. 图形		按设计人行道图示尺寸以面积计算，不扣除各类井所占面积，但应扣除侧石、树池所占面积	1. 基础、垫层铺筑 2. 块料铺设
040204003	现浇混凝土人行道及进口坡	1. 混凝土强度等级 2. 厚度 3. 基础、垫层：材料品种、厚度	m²		1. 模板制作、安装、拆除 2. 基础、垫层铺筑 3. 混凝土拌和、运输、浇筑
040204004	安砌侧(平、缘)石	1. 材料品种、规格 2. 基础、垫层：材料品种、厚度	m²	按设计图示中心线长度计算	1. 开槽 2. 基础、垫层铺筑 3. 侧(平、缘)石安砌
040204005	现浇侧(平、缘)石	1. 材料品种 2. 尺寸 3. 形状 4. 混凝土强度等级 5. 基础、垫层：材料品种、厚度			1. 模板制作、安装、拆除 2. 开槽 3. 基础、垫层铺筑 4. 混凝土拌和、运输、浇筑
040204006	检查井升降	1. 材料品种 2. 检查井规格 3. 平均升(降)高度	座	按设计图示路面标高与原有的检查井发生正负高差的检查井的数量计算	1. 提升 2. 降低
040204007	树池砌筑	1. 材料品种、规格 2. 树池尺寸 3. 树池盖面材料品种	个	按设计图示数量计算	1. 基础、垫层铺筑 2. 树池砌筑 3. 盖面材料运输、安装
040204008	预约电缆沟铺设	1. 材料品种、规格 2. 规格尺寸 3. 基础、垫层：材料品种、厚度 4. 盖板品种、规格	m	按设计图示中心线长度计算	1. 基础、垫层铺筑 2. 预制电缆沟安装 3. 盖板安装

3 桥涵工程

3.1 桩 基

桩基工程量清单项目设置、项目特征描述的内容、计量单位及工程量计算规则，应按附表 1-12 的规定执行。

附表 1-12　桩基(编码：040301)

项目编码	项目名称	项目特征	计量单位	工程量计算规则	工作内容
040301001	预制钢筋混凝土方桩	1. 地层情况 2. 送桩深度、桩长 3. 桩截面 4. 桩倾斜度 5. 混凝土强度等级	1. m 2. m³ 3. 根	1. 以米计量，按设计图示尺寸以桩长(包括桩尖)计算 2. 以立方米计量，按设计图示桩长(包括桩尖)乘以桩的断面积计算 3. 以根计量，按设计图示数量计算	1. 工作平台搭拆 2. 桩就位 3. 桩机移位 4. 沉桩 5. 接桩 6. 送桩
040301002	预制钢筋混凝土管桩	1. 地层情况 2. 送桩深度、桩长 3. 桩外径、壁厚 4. 桩倾斜度 5. 桩尖设置及类型 6. 混凝土强度等级 7. 填充材料种类			1. 工作平台搭拆 2. 桩就位 3. 桩机移位 4. 桩尖安装 5. 沉桩 6. 接桩 7. 送桩 8. 桩芯填充
040301003	钢管桩	1. 地层情况 2. 送桩深度、桩长 3. 材质 4. 管径、壁厚 5. 桩倾斜度 6. 填充材料种类 7. 防护材料种类	1. t 2. 根	1. 以吨计量，按设计图示尺寸以质量计算 2. 以根计量，按设计图示数量计算	1. 工作平台搭拆 2. 桩就位 3. 桩机移位 4. 沉桩 5. 接桩 6. 送桩 7. 切割钢管、精割盖帽 8. 管内取土、余土弃置 9. 管内填芯、刷防护材料

项目编码	项目名称	项目特征	计量单位	工程量计算规则	工作内容
040301004	泥浆护壁成孔灌注桩	1. 地层情况 2. 空桩长度、桩长 3. 桩径 4. 成孔方法 5. 混凝土种类、强度等级	1. m 2. m³ 3. 根	1. 以米计量，按设计图示尺寸以桩长（包括桩尖）计算 2. 以立方米计量，按不同截面在桩长范围内以体积计算 3. 以根计量，按设计图示数量计算	1. 工作平台搭拆 2. 桩机移位 3. 护筒埋设 4. 成孔、固壁 5. 混凝土制作、运输、灌注、养护 6. 土方、废浆外运 7. 打桩场地硬化及泥浆池、泥浆沟
040301005	沉管灌注桩	1. 地层情况 2. 空桩长度、桩长 3. 复打长度 4. 桩径 5. 沉管方法 6. 桩尖类型 7. 混凝土种类、强度等级		1. 以米计量，按设计图示尺寸以桩长（包括桩尖）计算 2. 以立方米计量，按设计图示桩长（包括桩尖）乘以桩的断面积计算 3. 以根计量，按设计图示数量计算	1. 工作平台搭拆 2. 桩机移位 3. 打（沉）拔钢管 4. 桩尖安装 5. 混凝土制作、运输、灌注、养护
040301006	干作业成孔灌注桩	1. 地层情况 2. 空桩长度、桩长 3. 桩径 4. 扩孔直径、高度 5. 成孔方法 6. 混凝土种类、强度等级			1. 工作平台搭拆 2. 桩机移位 3. 成孔、扩孔 4. 混凝土制作、运输、灌注、振捣、养护
040301007	挖孔桩土（石）方	1. 土（石）类别 2. 挖孔深度 3. 弃土（石）运距	m³	按设计图示尺寸（含护壁）截面积乘以挖孔深度以立方米为单位计算	1. 排地表水 2. 挖土、凿石 3. 基底钎探 4. 土（石）方外运
040301008	人工挖孔灌注桩	1. 桩芯长度 2. 桩芯直径、扩底直径、扩底高度 3. 护壁厚度、高度 4. 护壁材料种类、强度等级 5. 桩芯混凝土种类、强度等级	1. m³ 2. 根	1. 以立方米计量，按桩芯混凝土体积计算 2. 以根计量，按设计图示数量计算	1. 护壁制作、安装 2. 混凝土制作、运输、灌注、振捣、养护

项目编码	项目名称	项目特征	计量单位	工程量计算规则	工作内容
040301009	钻孔压浆桩	1. 地层情况 2. 桩长 3. 钻孔直径 4. 骨料品种、规格 5. 水泥强度等级	1. m 2. 根	1. 以米计量，按设计图示尺寸以桩长计算 2. 以根计量，按设计图示数量计算	1. 钻孔、下注浆管、投放骨料 2. 浆液制作、运输、压浆
040301010	灌注桩后注浆	1. 注浆导管材料、规格 2. 注浆导管长度 3. 单孔注浆量 4. 水泥强度等级	孔	按设计图示以注浆孔数计算	1. 注浆导管制作、安装 2. 浆液制作、运输、压浆
040301011	截桩头	1. 桩类型 2. 桩头截面、高度 3. 混凝土强度等级 4. 有无钢筋	1. m³ 2. 根	1. 以立方米计量，按设计桩截面乘以桩头长度以体积计算 2. 以根计量，按设计图示数量计算	1. 截桩头 2. 凿平 3. 废料外运
040301012	声测管	1. 材质 2. 规格型号	1. t 2. m	1. 按设计图示尺寸以质量计算 2. 按设计图示尺寸以长度计算	1. 检测管截断、封头 2. 套管制作、焊接 3. 定位、固定

注：1. 地层情况按附表1-2和附表1-5的规定，并根据岩土工程勘察报告按单位工程各地层所占比例（包括范围值）进行描述。对无法准确描述的地层情况，可注明由投标人根据岩土工程勘察报告自行决定报价。

2. 各类混凝土预制桩以成品桩考虑，应包括成品桩购置费，如果用现场预制，应包括现场预制桩的所有费用。

3. 项目特征中的桩截面、混凝土强度等级、桩类型等可直接用标准图代号或设计桩型进行描述。

4. 打试验桩和打斜桩应按相应项目编码单独列项，并应在项目特征中注明试验桩或斜桩（斜率）。

5. 项目特征中的桩长应包括桩尖，空桩长度＝孔深－桩长，孔深为自然地面至设计桩底的深度。

6. 泥浆护壁成孔灌注桩是指在泥浆护壁条件下成孔，采用水下灌注混凝土的桩。其成孔方法包括冲击钻成孔、冲抓锥成孔、回旋钻成孔、潜水钻成孔、泥浆护壁的旋挖成孔等。

7. 沉管灌注桩的沉管方法包括锤击沉管法、振动沉管法、振动冲击沉管法、内夯沉管法等。

8. 干作业成孔灌注桩是指不用泥浆护壁和套管护壁的情况下，用钻机成孔，下钢筋笼，灌注混凝土的桩，适用于地下水位以上的土层。其成孔方法包括螺旋钻成孔、螺旋钻成孔扩孔、干作业的旋挖成孔等。

9. 混凝土灌注桩的钢筋笼制作、安装，按5."钢筋工程"中相关项目编码列项。

10. 本表工作内容未含桩基础的承载力检测、桩身完整性检测。

3.2　基坑与边坡支护

基坑与边坡支护工程量清单项目设置、项目特征描述的内容、计量单位及工程量计算规则，应按附表1-13的规定执行。

附表 1-13 基坑与边坡支护(编码: 040302)

项目编码	项目名称	项目特征	计量单位	工程量计算规则	工作内容
040302001	圆木桩	1. 地层情况 2. 桩长 3. 材质 4. 尾径 5. 桩倾斜度	1. m 2. 根	1. 以米计量,按设计图示尺寸以桩长(包括桩尖)计算 2. 以根计量,按设计图示数量计算	1. 工作平台搭拆 2. 桩机移位 3. 桩制作、运输、就位 4. 桩靴安装 5. 沉桩
040302002	预制钢筋混凝土板桩	1. 地层情况 2. 送桩深度、桩长 3. 桩截面 4. 混凝土强度等级	1. m³ 2. 根	1. 以立方米计量,按设计图示桩长(包括桩尖)乘以桩的断面积计算 2. 以根计量,按设计图示数量计算	1. 工作平台搭拆 2. 桩就位 3. 桩机移位 4. 沉桩 5. 接桩 6. 送桩
040302003	地下连续墙	1. 地层情况 2. 导墙类型、截面 3. 墙体厚度 4. 成槽深度 5. 混凝土种类、强度等级 6. 接头形式	m³	按设计图示墙中心线长乘以厚度乘以槽深,以体积计算	1. 导墙挖填、制作、安装、拆除 2. 挖土成槽、固壁、清底置换 3. 混凝土制作、运输、灌注、养护 4. 接头处理 5. 土方、废浆外运 6. 打桩场地硬化及泥浆池、泥浆沟
040302004	咬合灌注桩	1. 地层情况 2. 桩长 3. 桩径 4. 混凝土种类、强度等级 5. 部位	1. m 2. 根	1. 以米计量,按设计图示尺寸以桩长计算 2. 以根计量,按设计图示数量计算	1. 桩机移位 2. 成孔、固壁 3. 混凝土制作、运输、灌注、养护 4. 套管压拔 5. 土方、废浆外运 6. 打桩场地硬化及泥浆池、泥浆沟
040302005	型钢水泥土搅拌墙	1. 深度 2. 桩径 3. 水泥掺量 4. 型钢材质、规格 5. 是否拔出	m³	按设计图示尺寸以体积计算	1. 钻机移位 2. 钻进 3. 浆液制作、运输、压浆 4. 搅拌、成桩 5. 型钢插拔 6. 土方、废浆外运

项目编码	项目名称	项目特征	计量单位	工程量计算规则	工作内容
040302006	锚杆(索)	1. 地层情况 2. 锚杆(索)类型、部位 3. 钻孔直径、深度 4. 杆体材料品种、规格、数量 5. 是否预应力 6. 浆液种类、强度等级	1. m 2. 根	1. 以米计量，按设计图示尺寸以钻孔深度计算 2. 以根计量，按设计图示数量计算	1. 钻孔、浆液制作、运输、压浆 2. 锚杆(索)制作、安装 3. 张拉锚固 4. 锚杆(索)施工平台搭设、拆除
040302007	土钉	1. 地层情况 2. 钻孔直径、深度 3. 置入方法 4. 杆体材料品种、规格、数量 5. 浆液种类、强度等级			1. 钻孔、浆液制作、运输、压浆 2. 土钉制作、安装 3. 土钉施工平台搭设、拆除
040302008	喷射混凝土	1. 部位 2. 厚度 3. 材料种类 4. 混凝土类别、强度等级	m²	按设计图示尺寸以面积计算	1. 修整边坡 2. 混凝土制作、运输、喷射、养护 3. 钻排水孔、安装排水管 4. 喷射施工平台搭设、拆除

注：1. 地层情况按附表 1-2 和附表 1-5 的规定，并根据岩土工程勘察报告按单位工程各地层所占比例(包括范围值)进行描述。对无法准确描述的地层情况，可注明由投标人根据岩土工程勘察报告自行决定报价。

2. 地下连续墙和喷射混凝土的钢筋网制作、安装，按 5. "钢筋工程"中相关项目编码列项。基坑与边坡支护的排桩按"3.1 桩基"中相关项目编码列项。水泥土墙、坑内加固按"2.1 路基处理"中相关项目编码列项。混凝土挡土墙、桩顶冠梁、支撑体系按《市政工程工程量计算规范》(GB 50857—2013)附录 D 隧道工程中相关项目编码列项。

3.3 现浇混凝土构件

现浇混凝土构件工程量清单项目设置、项目特征描述的内容、计量单位及工程量计算规则，应按附表 1-14 的规定执行。

项目编码	项目名称	项目特征	计量单位	工程量计算规则	工作内容
040302001	混凝土垫层	混凝土强度等级	m³	按设计图示尺寸以体积计算	1. 模板制作、安装、拆除 2. 混凝土拌和、运输、浇筑 3. 养护
040303002	混凝土基础	1. 混凝土强度等级 2. 嵌料(毛石)比例			
040303003	混凝土承台	混凝土强度等级			
040303004	混凝土墩(台)帽	1. 部位 2. 混凝土强度等级			
040303005	混凝土墩(台)身				
040303006	混凝土支撑梁及横梁				
040303007	混凝土墩(台)盖梁				
040303008	混凝土拱桥拱座	混凝土强度等级			
040303009	混凝土拱桥拱肋				
040303010	混凝土拱上构件	1. 部位 2. 混凝土强度等级			
040303011	混凝土箱梁				
040303012	混凝土连续板				
040303013	混凝土板梁	1. 部位 2. 结构形式 3. 混凝土强度等级			
040303014	混凝土拱板	1. 部位 2. 混凝土强度等级			
040303015	混凝土挡墙墙身	1. 混凝土强度等级 2. 泄水孔材料品种、规格 3. 滤水层要求 4. 沉降缝要求			1. 模板制作、安装、拆除 2. 混凝土拌和、运输、浇筑 3. 养护 4. 抹灰 5. 泄水孔制作、安装 6. 滤水层铺筑 7. 沉降缝

项目编码	项目名称	项目特征	计量单位	工程量计算规则	工作内容
040303016	混凝土挡墙压顶	1. 混凝土强度等级 2. 沉降缝要求	m³	按设计图示尺寸以体积计算	1. 模板制作、安装、拆除 2. 混凝土拌和、运输、浇筑 3. 养护 4. 抹灰 5. 泄水孔制作、安装 6. 滤水层铺筑 7. 沉降缝
040303017	混凝土楼梯	1. 结构形式 2. 底板厚度 3. 混凝土强度等级	1. m² 2. m³	1. 以平方米计量，按设计图示尺寸以水平投影面积计算 2. 以立方米计量，按设计图示尺寸以体积计算	1. 模板制作、安装、拆除 2. 混凝土拌和、运输、浇筑 3. 养护
040303018	混凝土防撞护栏	1. 断面 2. 混凝土强度等级	m	按设计图示尺寸以长度计算	
040303019	桥面铺装	1. 混凝土强度等级 2. 沥青品种 3. 沥青混凝土种类 4. 厚度 5. 配合比	m²	按设计图示尺寸以面积计算	1. 模板制作、安装、拆除 2. 混凝土拌和、运输、浇筑 3. 养护 4. 沥青混凝土铺装 5. 碾压
040303020	混凝土桥头搭板	混凝土强度等级	m³	按设计图示尺寸以体积计算	1. 模板制作、安装、拆除 2. 混凝土拌和、运输、浇筑 3. 养护
040303021	混凝土搭板枕梁				
040303022	混凝土桥塔身	1. 形状 2. 混凝土强度等级			
040303023	混凝土连系梁				
040303024	混凝土其他构件	1. 名称、部位 2. 混凝土强度等级			混凝土拌和、运输、浇筑
040303025	钢管拱混凝土	混凝土强度等级			

注：台帽、台盖梁均应包括耳墙、背墙。

3.4 预制混凝土构件

预制混凝土构件工程量清单项目设置、项目特征描述的内容、计量单位及工程量计算规则，应按附表1-15的规定执行。

附表1-15　预制混凝土构件(编码：040304)

项目编码	项目名称	项目特征	计量单位	工程量计算规则	工作内容
040304001	预制混凝土梁	1. 部位 2. 图集、图纸名称 3. 构件代号、名称 4. 混凝土强度等级 5. 砂浆强度等级	m³	按设计图示尺寸以体积计算	1. 模板制作、安装、拆除 2. 混凝土拌和、运输、浇筑 3. 养护 4. 构件安装 5. 接头灌缝 6. 砂浆制作 7. 运输
040304002	预制混凝土柱				
040304003	预制混凝土板				
040304004	顶制混凝土挡墙墙身	1. 图集、图纸名称 2. 构件代号、名称 3. 结构形式 4. 混凝土强度等级 5. 泄水孔材料类、规格 6. 滤水层要求 7. 砂浆强度等级			1. 模板制作、安装、拆除 2. 混凝土拌和、运输、浇筑 3. 养护 4. 构件安装 5. 接头灌缝 6. 泄水孔制作、安装 7. 滤水层铺设 8. 砂浆制作 9. 运输
040304005	预制混凝土其他构件	1. 部位 2. 图集、图纸名称 3. 构件代号、名称 4. 混凝土强度等级 5. 砂浆强度等级			1. 模板制作、安装、拆除 2. 混凝土拌和、运输、浇筑 3. 养护 4. 构件安装 5. 接头灌缝 6. 砂浆制作 7. 运输

3.5 砌　筑

砌筑工程量清单项目设置、项目特征描述的内容、计量单位及工程量计算规则，应按附表1-16的规定执行。

项目编码	项目名称	项目特征	计量单位	工程量计算规则	工作内容
040305001	垫层	1. 材料品种、规格 2. 厚度	m³	按设计图示尺寸以体积计算	垫层铺筑
040305002	干砌块料	1. 部位 2. 材料品种、规格 3. 泄水孔材料品种、规格 4. 滤水层要求 5. 沉降缝要求			1. 砌筑 2. 砌体勾缝 3. 砌体抹面 4. 泄水孔制作、安装 5. 滤层铺设 6. 沉降缝
040305003	浆砌块料	1. 部位 2. 材料品种、规格 3. 砂浆强度等级 4. 泄水孔材料品种、规格 5. 滤水层要求 6. 沉降缝要求			
040305004	砖砌体				
040305005	护坡	1. 材料品种 2. 结构形式 3. 厚度 4. 砂浆强度等级	m²	按设计图示尺寸以面积计算	1. 修整边坡 2. 砌筑 3. 砌体勾缝 4. 砌体抹面

注：1. 干砌块料、浆砌块料和砖砌体应根据工程部位不同，分别设置清单编码。
　　2. 本节清单项目中"垫层"指碎石、块石等非混凝土类垫层。

3.6　装　饰

装饰工程量清单项目设置、项目特征描述的内容、计量单位及工程量计算规则，应按附表 1-17 的规定执行。

附表 1-17　装饰(编码：040308)

项目编码	项目名称	项目特征	计量单位	工程量计算规则	工作内容
040308001	水泥砂浆抹面	1. 砂浆配合比 2. 部位 3. 厚度	m²	按设计图示尺寸以面积计算	1. 基层清理 2. 砂浆抹面
040308002	剁斧石饰面	1. 材料 2. 部位 3. 形式 4. 厚度			1. 基层清理 2. 饰面

项目编码	项目名称	项目特征	计量单位	工程量计算规则	工作内容
040308003	镶贴面层	1. 材质 2. 规格 3. 厚度 4. 部位	m²	按设计图示尺寸以面积计算	1. 基层清理 2. 镶贴面层 3. 勾缝
040308004	涂料	1. 材料品种 2. 部位			1. 基层清理 2. 涂料涂刷
040308005	油漆	1. 材料品种 2. 部位 3. 工艺要求			1. 除锈 2. 刷油漆

注：如遇本清单项目缺项，可按现行国家标准《房屋建筑与装饰工程工程量计算规范》(GB 50854—2013)中相关项目编码列项。

3.7 其　他

其他工程量清单项目设置、项目特征描述的内容、计量单位及工程量计算规则，应按附表 1-18 的规定执行。

附表 1-18　其他(编码：040309)

项目编码	项目名称	项目特征	计量单位	工程量计算规则	工作内容
040309001	金属栏杆	1. 栏杆材质、规格 2. 油漆品种、工艺要求	1. t 2. m	1. 按设计图示尺寸以质量计算 2. 按设计图示尺寸以延长米计算	1. 制作、运输、安装 2. 除锈、刷油漆
040309002	石质栏杆	材料品种、规格	m	按设计图示尺寸以长度计算	制作、运输、安装
040309003	混凝土栏杆	1. 混凝土强度等级 2. 规格尺寸			
040309004	橡胶支座	1. 材质 2. 规格、型号 3. 形式	个	按设计图示数量计算	支座安装
040309005	钢支座	1. 规格、型号 2. 形式			
040309006	盆式支座	1. 材质 2. 承载力			

项目编码	项目名称	项目特征	计量单位	工程量计算规则	工作内容
040309007	桥梁伸缩装置	1. 材料品种 2. 规格、型号 3. 混凝土种类 4. 混凝土强度等级	m	以米计量,按设计图示尺寸以延长米计算	1. 制作、安装 2. 混凝土拌和、运输、浇筑
040309008	隔声屏障	1. 材料品种 2. 结构形式 3. 油漆品种、工艺要求	m²	按设计图示尺寸以面积计算	1. 制作、安装 2. 除锈、刷油漆
040309009	桥面排(泄)水管	1. 材料品种 2. 管径	m	按设计图示以长度计算	进水口、排(泄)水管制作、安装
0403090010	防水层	1. 部位 2. 材料品种、规格 3. 工艺要求	m²	按设计图示尺寸以面积计算	防水层铺涂

注：支座垫石混凝土按"混凝土基础"项目编码列项。

3.8　相关问题及说明

(1)本章清单项目各类预制桩均按成品构件编制,购置费用应计入综合单价中,如采用现场预制,包括预制构件制作的所有费用。

(2)当以体积为计量单位计算混凝土工程量时,不扣除构件内钢筋、螺栓、预埋铁件、张拉孔道和单个面积≤0.3 m²的孔洞所占体积,但应扣除型钢混凝土构件中型钢所占体积。

(3)桩基陆上工作平台搭拆工作内容包括在相应的清单项目中,若为水上工作平台搭拆,应按《市政工程工程量计算范围》(GB 50857—2013)附录L措施项目相关项目单独编码列项。

4 管网工程

4.1 管道铺设

管道铺设工程量清单项目设置、项目特征描述的内容、计量单位及工程量计算规则，应按附表1-19的规定执行。

附表1-19　管道铺设(编码：040501)

项目编码	项目名称	项目特征	计量单位	工程量计算规则	工作内容
040501001	混凝土管	1. 垫层、基础材质及厚度 2. 管座材质 3. 规格 4. 接口方式 5. 铺设深度 6. 混凝土强度等级 7. 管道检验及试验要求			1. 垫层、基础铺筑及养护 2. 模板制作、安装、拆除 3. 混凝土拌和、运输、浇筑、养护 4. 预制管枕安装 5. 管道铺设 6. 管道接口 7. 管道检验及试验
040501002	钢管	1. 垫层、基础材质及厚度 2. 材质及规格 3. 接口方式 4. 铺设深度 5. 管道检验及试验要求 6. 集中防腐运距	m	按设计图示中心线长度以延长米计算。不扣除附属构筑物、管件及阀门等所占长度	1. 垫层、基础铺筑及养护 2. 模板制作、安装、拆除 3. 混凝土拌和、运输、浇筑、养护 4. 管道铺设 5. 管道检验及试验 6. 集中防腐运输
040501003	铸铁管				
040501004	塑料管	1. 垫层、基础材质及厚度 2. 材质及规格 3. 连接形式 4. 铺设深度 5. 管道检验及试验要求			1. 垫层、基础铺筑及养护 2. 模板制作、安装、拆除 3. 混凝土拌和、运输、浇筑、养护 4. 管道铺设 5. 管道检验及试验

项目编码	项目名称	项目特征	计量单位	工程量计算规则	工作内容
040501008	水平导向钻进	1. 土壤类别 2. 材质及规格 3. 一次成孔长度 4. 接口方式 5. 泥浆要求 6. 管道检验及试验要求 7. 集中防腐运距	m	按设计图示长度以延长米计算。扣除附属构筑物（检查井）所占的长度	1. 设备安装、拆除 2. 定位、成孔 3. 管道接口 4. 拉管 5. 纠偏、监测 6. 泥浆制作、注浆 7. 管道检测及试验 8. 集中防腐运距 9. 泥浆、土方外运
040501010	顶（夯）管工作坑	1. 土壤类别 2. 工作坑平面尺寸及深度 3. 支撑、围护方式 4. 垫层、基础材质及厚度 5. 混凝土强度等级 6. 设备、工作台主要技术要求	座	按设计图示数量计算	1. 支撑、围护 2. 模板制作、安装、拆除 3. 混凝土拌和、运输、浇筑、养护 4. 工作坑内设备、工作台安装及拆除
040501011	预制混凝土工作坑	1. 土壤类别 2. 工作坑平面尺寸及深度 3. 垫层、基础材质及厚度 4. 混凝土强度等级 5. 设备、工作台主要技术要求 6. 混凝土构件运距			1. 混凝土工作坑制作 2. 下沉、定位 3. 模板制作、安装、拆除 4. 混凝土拌和、运输、浇筑、养护 5. 工作坑内设备、工作台安装及拆除 6. 混凝土构件运输
040501012	顶管	1. 土壤类别 2. 顶管工作方式 3. 管道材质及规格 4. 中继间规格 5. 工具管材质及规格 6. 触变泥浆要求 7. 管道检验及试验要求 8. 集中防腐运距	m	按设计图示长度以延长米计算。扣除附属构筑物（检查井）所占的长度	1. 管道顶进 2. 管道接口 3. 中继间、工具管及附属设备安装拆除 4. 管内挖、运土及土方提升 5. 机械顶管设备调向 6. 纠偏、监测 7. 触变泥浆制作、注浆 8. 洞口止水 9. 管道检测及试验 10. 集中防腐运输 11. 泥浆、土方外运

项目编码	项目名称	项目特征	计量单位	工程量计算规则	工作内容
040501013	土壤加固	1. 土壤类别 2. 加固填充材料 3. 加固方式	1. m 2. m³	1. 按设计图示加固段长度以延长米计算 2. 按设计图示加固段体积以立方米计算	打孔、调浆、灌注
040501016	砌筑方沟	1. 断面规格 2. 垫层、基础材质及厚度 3. 砌筑材料品种、规格、强度等级 4. 混凝土强度等级 5. 砂浆强度等级、配合比 6. 勾缝、抹面要求 7. 盖板材质及规格 8. 伸缩缝(沉降缝)要求 9. 防渗、防水要求 10. 混凝土构件运距	m	按设计图示尺寸以延长米计算	1. 模板制作、安装、拆除 2. 混凝土拌和、运输、浇筑、养护 3. 砌筑 4. 勾缝、抹面 5. 盖板安装 6. 防水、止水 7. 混凝土构件运输
040501017	混凝土方沟	1. 断面规格 2. 垫层、基础材质及厚度 3. 混凝土强度等级 4. 伸缩缝(沉降缝)要求 5. 盖板材质、规格 6. 防渗、防水要求 7. 混凝土构件运距			1. 模板制作、安装、拆除 2. 混凝土拌和、运输、浇筑、养护 3. 盖板安装 4. 防水、止水 5. 混凝土构件运输
040501018	砌筑渠道	1. 断面规格 2. 垫层、基础材质及厚度 3. 砌筑材料品种、规格、强度等级 4. 混凝土强度等级 5. 砂浆强度等级、配合比 6. 勾缝、抹面要求 7. 伸缩缝(沉降缝)要求 8. 防渗、防水要求			1. 模板制作、安装、拆除 2. 混凝土拌和、运输、浇筑、养护 3. 渠道砌筑 4. 勾缝、抹面 5. 防水、止水

项目编码	项目名称	项目特征	计量单位	工程量计算规则	工作内容
040501019	混凝土渠道	1. 断面规格 2. 垫层、基础材质及厚度 3. 混凝土强度等级 4. 伸缩缝(沉降缝)要求 5. 防渗、防水要求 6. 混凝土构件运距	m	按设计图示尺寸以延长米计算	1. 模板制作、安装、拆除 2. 混凝土拌和、运输、浇筑、养护 3. 防水、止水 4. 混凝土构件运输

4.2 管道附属构筑物

管道附属构筑物工程量清单项目设置、项目特征描述的内容、计量单位及工程量计算规则，应按附表1-20的规定执行。

附表1-20 管道附属构筑物(编码：040504)

项目编码	项目名称	项目特征	计量单位	工程量计算规则	工作内容
040504001	砌筑井	1. 垫层、基础材质及厚度 2. 砌筑材料品种、规格、强度等级 3. 勾缝、抹面要求 4. 砂浆强度等级、配合比 5. 混凝土强度等级 6. 盖板材质、规格 7. 井盖、井圈材质及规格 8. 踏步材质、规格 9. 防渗、防水要求	座	按设计图示数量计算	1. 垫层铺筑 2. 模板制作、安装、拆除 3. 混凝土拌和、运输、浇筑、养护 4. 砌筑、勾缝、抹面 5. 井圈、井盖安装 6. 盖板安装 7. 踏步安装 8. 防水、止水
040504002	混凝土井	1. 垫层、基础材质及厚度 2. 混凝土强度等级 3. 盖板材质、规格 4. 井盖、井圈材质及规格 5. 踏步材质、规格 6. 防渗、防水要求			1. 垫层铺筑 2. 模板制作、安装、拆除 3. 混凝土拌和、运输、浇筑、养护 4. 井圈、井盖安装 5. 盖板安装 6. 踏步安装 7. 防水、止水

项目编码	项目名称	项目特征	计量单位	工程量计算规则	工作内容
040504003	塑料检查井	1. 垫层、基础材质及厚度 2. 检查井材质、规格 3. 井筒、井盖、井圈材质及规格	座	按设计图示数量计算	1. 垫层铺筑 2. 模板制作、安装、拆除 3. 混凝土拌和、运输、浇筑、养护 4. 检查井安装 5. 井筒、井圈、井盖安装
040504004	砌筑井筒	1. 井筒规格 2. 砌筑材料品种、规格 3. 砌筑、勾缝、抹面要求 4. 砂浆强度等级、配合比 5. 踏步材质、规格 6. 防渗、防水要求	m	按设计图示尺寸以延长米计算	1. 砌筑、勾缝、抹面 2. 踏步安装
040504005	预制混凝土井筒	1. 井筒规格 2. 踏步规格			1. 运输 2. 安装
040504006	砌体出水口	1. 垫层、基础材质及厚度 2. 砌筑材料品种、规格 3. 砌筑、勾缝、抹面要求 4. 砂浆强度等级及配合比	座	按设计图示数量计算	1. 垫层铺筑 2. 模板制作、安装、拆除 3. 混凝土拌和、运输、浇筑、养护 4. 砌筑、勾缝、抹面
040504007	混凝土出水口	1. 垫层、基础材质及厚度 2. 混凝土强度等级			1. 垫层铺筑 2. 模板制作、安装、拆除 3. 混凝土拌和、运输、浇筑、养护
040504009	雨水口	1. 雨水算子及圈口材质、型号、规格 2. 垫层、基础材质及厚度 3. 混凝土强度等级 4. 砌筑材料品种、规格 5. 砂浆强度等级及配合比			1. 垫层铺筑 2. 模板制作、安装、拆除 3. 混凝土拌和、运输、浇筑、养护 4. 砌筑、勾缝、抹面 5. 雨水算子安装

注：管道附属构筑物为标准定型附属构筑物时，在项目特征中应标注标准图集编号及页码。

5 钢筋工程

钢筋工程工程量清单项目设置、项目特征描述的内容、计量单位及工程量计算规则，应按附表 1-21 的规定执行。

附表 1-21　钢筋工程(编码：040901)

项目编码	项目名称	项目特征	计量单位	工程量计算规则	工作内容
040901001	现浇构件钢筋	1. 钢筋种类 2. 钢筋规格			1. 制作 2. 运输 3. 安装
040901002	预制构件钢筋				
040901003	钢筋网片				
040901004	钢筋笼				
040901005	先张法预应力钢筋(钢丝、钢绞线)	1. 部位 2. 预应力筋种类 3. 预应力筋规格	t	按设计图示尺寸以质量计算	1. 张拉台座制作、安装、拆除 2. 预应力筋制作、张拉
040901006	后张法预应力钢筋(钢丝束、钢绞线)	1. 部位 2. 预应力筋种类 3. 预应力筋规格 4. 锚具种类、规格 5. 砂浆强度等级 6. 压浆管材质、规格			1. 预应力筋孔道制作、安装 2. 锚具安装 3. 预应力筋制作、张拉 4. 安装压浆管道 5. 孔道压浆
040901007	型钢	1. 材料种类 2. 材料规格			1. 制作 2. 运输 3. 安装、定位
040901008	植筋	1. 材料种类 2. 材料规格 3. 植入深度 4. 植筋胶品种	根	按设计图示数量计算	1. 定位、钻孔、清孔 2. 钢筋加工成型 3. 注胶、植筋 4. 抗拔试验 5. 养护
040901009	预埋铁件	1. 材料种类 2. 材料规格	t	按设计图示尺寸以质量计算	1. 制作 2. 运输 3. 安装
040901010	高强度螺栓		1. t 2. 套	1. 按设计图示尺寸以质量计算 2. 按设计图示数量计算	

注：1. 现浇构件中伸出构件的锚固钢筋、预制构件的吊钩和固定位置的支撑钢筋等，应并入钢筋工程量内。除设计标明的搭接外，其他施工搭接不计算工程量，由投标人在报价中综合考虑。
2. 钢筋工程所列"型钢"是指劲性骨架的型钢部分。
3. 凡型钢与钢筋组合(除预埋铁件外)的钢格栅，应分别列项。

6 拆除工程

拆除工程工程量清单项目设置、项目特征描述的内容、计量单位及工程量计算规则，应按附表1-22的规定执行。

附表1-22　拆除工程(编码：041001)

项目编号	项目名称	项目特征	计量单位	工程量计算规则	工作内容
041001001	拆除路面	1. 材质 2. 厚度	m^2	按拆除部位以面积计算	1. 拆除、清理 2. 运输
041001002	拆除人行道				
041001003	拆除基层	1. 材质 2. 厚度 3. 部位			
041001004	铣刨路面	1. 材质 2. 结构形式 3. 厚度			
041001005	拆除侧、平(缘)石	材质	m	按拆除部位以延长米计算	
041001006	拆除管道	1. 材质 2. 管径			
041001007	拆除砖石结构	1. 结构形式 2. 强度等级	m^3	按拆除部位以体积计算	
041001008	拆除混凝土结构				
041001009	拆除井	1. 结构形式 2. 规格尺寸 3. 强度等级	座	按拆除部位以数量计算	
041001010	拆除电杆	1. 结构形式 2. 规格尺寸	根		
041001011	拆除管片	1. 材质 2. 部位	处		

注：1. 拆除路面、人行道及管道清单项目的工作内容中均不包括基础及垫层拆除，发生时按本章相应清单项目编码列项。

2. 伐树、挖树蔸应按现行国家标准《园林绿化工程工程量计算规范》(GB 50858—2013)中相应清单项目编码列项。

附录二 道路工程图

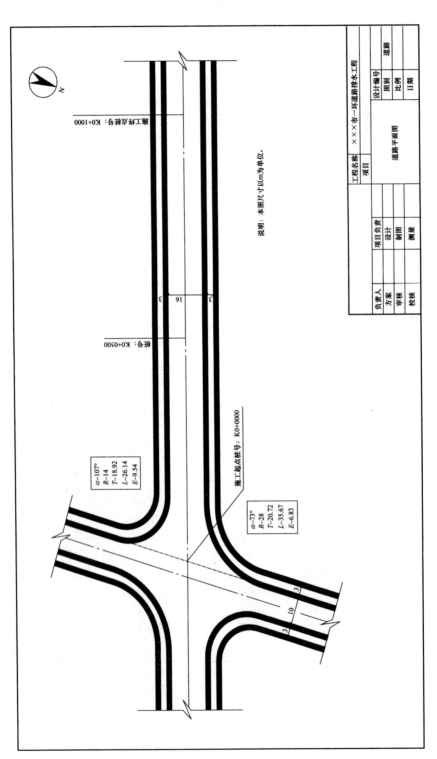

附图2-1 道路设计平面图

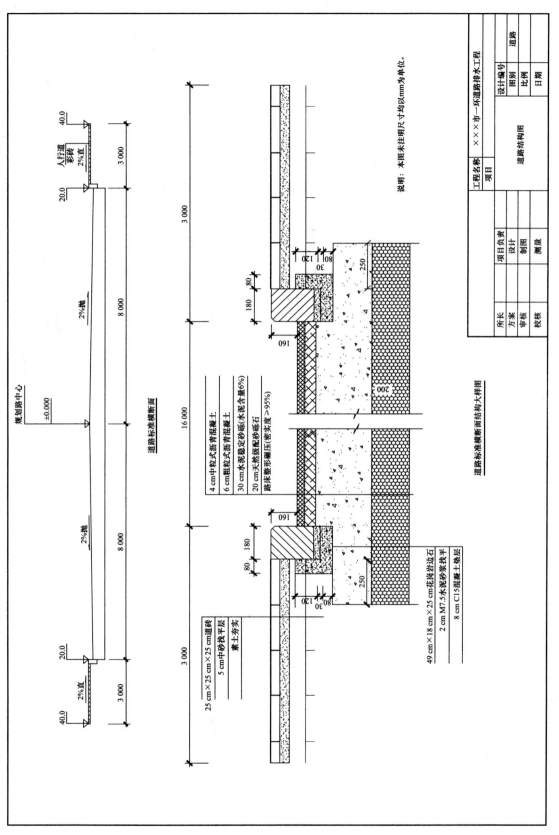

说明：本图未注明尺寸均以mm为单位。

工程名称	×××市一环道路排水工程		设计编号		道路
项目			图别		
			比例		
			日期		

道路结构图

所长		项目负责	
方案		设计	
审核		制图	
校核		测量	

道路标准横断面结构大样图

25 cm×25 cm×25 cm道砖
5 cm中砂找平层
素土夯实

4 cm中粒式沥青混凝土
6 cm粗粒式沥青混凝土
30 cm水泥稳定砂砾石(水泥含量6%)
20 cm天然级配砂砾石
路床整形碾压(密实度＞95%)

49 cm×18 cm×25 cm花岗岩路边石
2 cm M7.5水泥砂浆找平
8 cm C15混凝土垫层

道路标准横断面

规划路中心

人行道
彩砖
2%直

2%拋   2%拋

2%直

2%直

±0.000

40.0   20.0

40.0   20.0   20.0   40.0

3 000   8 000   8 000   3 000

16 000

3 000   3 000

附图 2-2 道路结构图

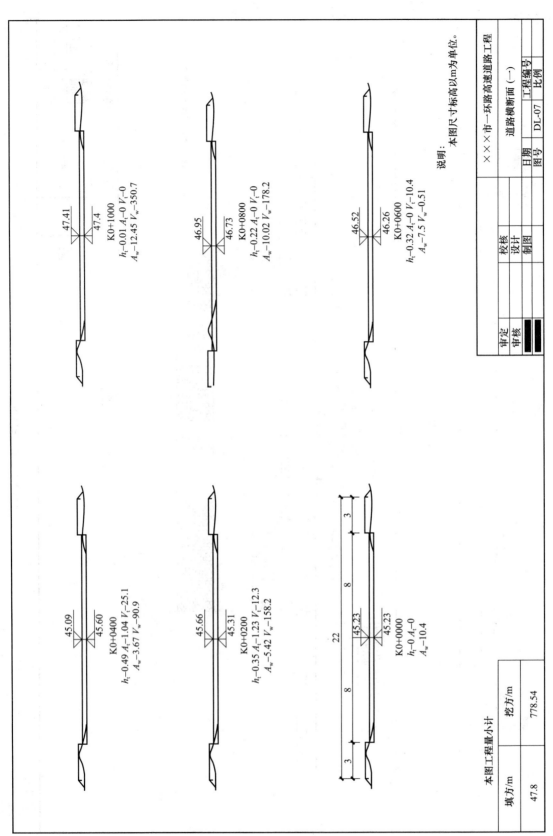

附图 2-3　道路设计横断面图

附录三 排水工程图

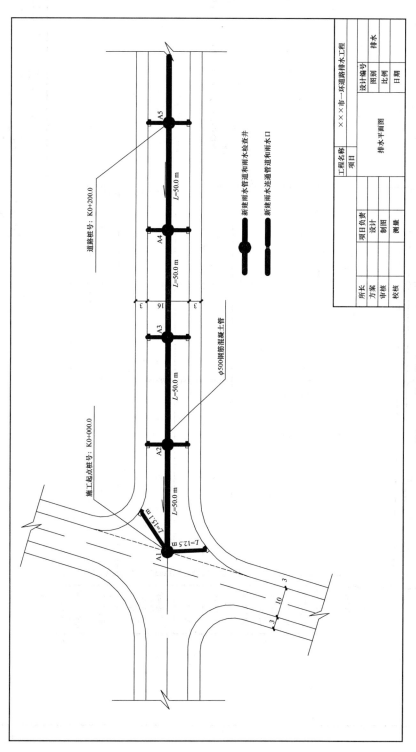

附图 3-1 排水管道设计平面图

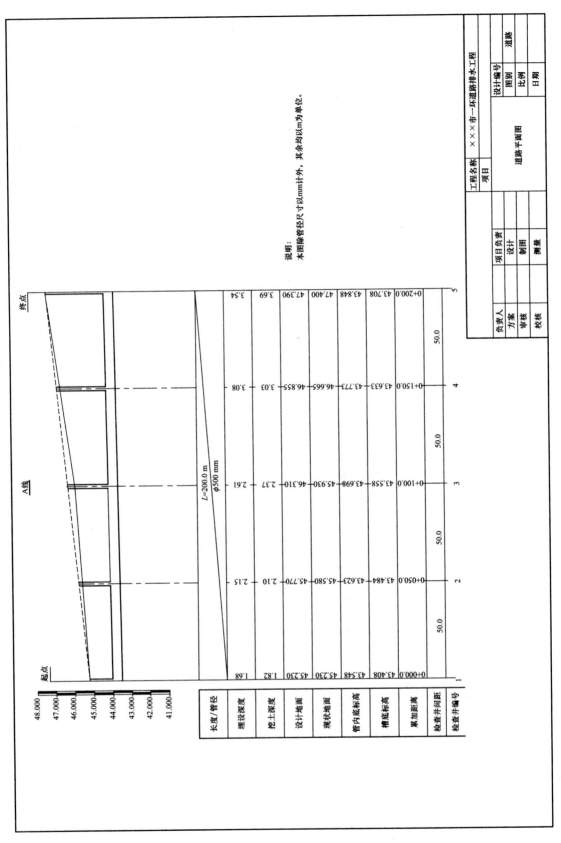

附图 3-2　排水管道设计纵断面图

说明：
本图除管径尺寸以 mm 计外，其余均以 m 为单位。

	50.0	50.0	50.0	50.0

长度/管径					
埋设深度	1.68	2.15	2.61	3.08	3.54
挖土深度	1.82	2.10	2.37	3.03	3.69
设计地面	45.230	45.770	46.310	46.855	47.390
现状地面	45.230	45.580	45.930	46.665	47.400
管内底标高	43.548	43.623	43.698	43.773	43.848
槽底标高	43.408	43.484	43.558	43.633	43.708
累加距离	0+000.0	0+050.0	0+100.0	0+150.0	0+200.0
检查井间距					
检查井编号	1	2	3	4	5

L=200.0 m
φ500 mm

起点　A线　终点

48.000
47.000
46.000
45.000
44.000
43.000
42.000
41.000

工程名称　×××市一环道路排水工程
项目
项目负责
设计
制图
测量

设计编号　道路
图别
比例
日期

道路平面图

负责人
方案
审核
校核

管内径 D	管壁厚 t	管肩宽 a	管基宽 B	管基宽	
				C_1	C_2
300	30	80	520	100	180
400	35	80	630	100	235
500	42	80	744	100	292
600	50	100	900	100	350
700	55	110	1 030	110	405
800	65	130	1 190	130	465
900	70	140	1 320	140	520
1 000	75	150	1 450	150	575
1 100	85	170	1 610	170	635
1 200	90	180	1 740	180	690
1 350	105	210	1 980	210	780
1 500	115	230	2 190	230	865
1 650	125	250	2 400	250	950
1 800	140	280	2 640	280	1 040
2 000	155	310	2 390	310	1 155
2 200	175	350	3 250	350	1 275
2 400	185	370	3 510	370	1 385

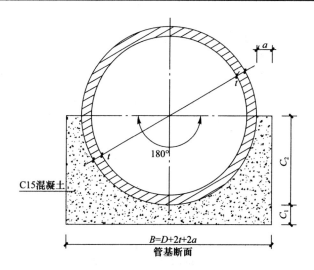

附图 3-3　钢筋混凝土管 180°混凝土基础标准图

说明：1. 本图适用于开槽施工的雨水和合流管道及污水管道。

2. C_1、C_2 分开浇筑时，C_1 部分表面要求做成毛面并冲洗干净。

3. 表中 B 值根据《混凝土和钢筋混凝土排水管》(GB/T 11836—2009)所给的最小管壁厚度所定，使用时可根据管材机体情况调整。

4. 覆土 4 m＜H≤6 m。

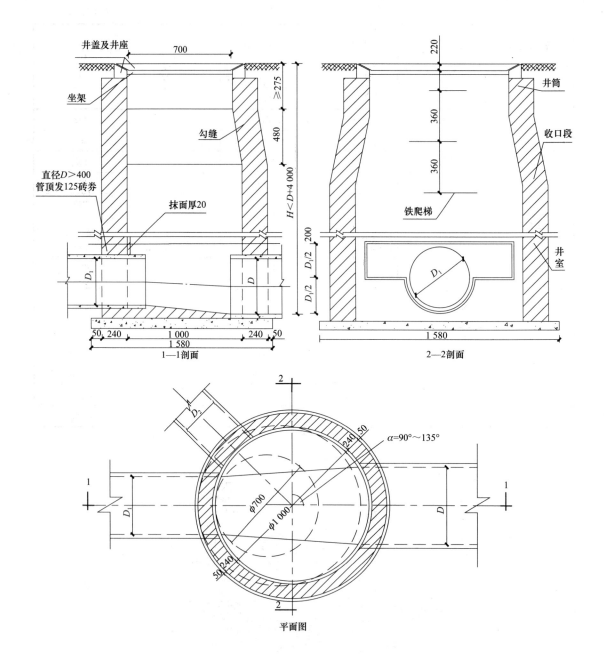

附图 3-4　φ1 000 砖砌圆形雨水检查井标准图

说明：1. 单位：mm。

2. 井墙用 M7.5 水泥砂浆砌 MU7.5 砖，无地下水时，可用 M5.0 混合砂浆砌 MU7.5 砖。

3. 抹面、勾缝、坐浆均用 1∶2 水泥砂浆。

4. 遇地下水时井外壁抹面至地下水水位以上 500，厚 20，井底铺碎石，厚 100。

5. 接入支管超挖部分用级配砂石、混凝土或砌砖填实。

6. 井室高度：自井底至收口段一般为 1 800，当埋深不允许时可酌情减小。

7. 井基材料采用现浇混凝土 C15－20(碎石)，厚度等于干管管基厚度；若干管为土基，井基厚度为 100。

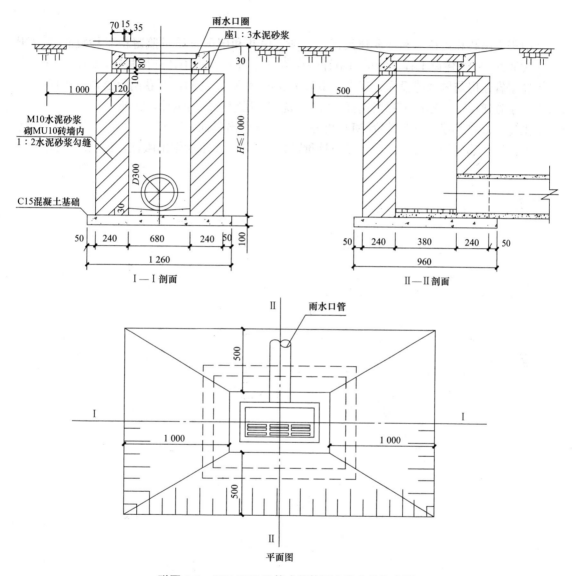

附图 3-5　680×380 平算式单算雨水进水井标准图

说明：1. 单位：mm。

　　　2. 各项技术要求详见雨水口总说明。

　　　3. 井基材料采用现浇混凝土 C15—20(碎石)，厚度等于支管管基厚度。

参 考 文 献

[1] 中华人民共和国住房和城乡建设部，中华人民共和国国家质量监督检验检疫总局.GB 50500—2013 建设工程工程量清单计价规范[S]. 北京：中国计划出版社，2013.

[2] 辽宁省住房与城乡建设厅. 辽宁省市政工程定额[M]. 沈阳：万卷出版公司，2017.

[3] 辽宁省建设厅. 建设工程费用标准[M]. 沈阳：辽宁人民出版社，2008.

[4] 张玲. 市政工程计量与计价[M]. 北京：高等教育出版社，2007.

[5] 王云江，郭良娟. 市政工程计量与计价[M]. 北京：北京大学出版社，2012.